Nur eine Illusion?

Biologie und Design

von

Markus Rammerstorfer

Tectum Verlag
Marburg 2006

Autor

Markus Rammerstorfer
intelligdesign@yahoo.de
Ferdinand Markl Straße 35
4040 Linz, Österreich

Coverbild:
siehe Bildquellennachweis

Rammerstorfer, Markus:
Nur eine Illusion?.
Biologie und Design.
/ von Markus Rammerstorfer
- Marburg : Tectum Verlag, 2006
ISBN 978-3-8288-9117-3

Tectum Verlag
Marburg 2006

„Biologists must constantly keep in mind that what they see is not designed, but rather evolved."

Francis Crick, Nobelpreisträger

„The strong appearance of design allows a disarmingly simple argument: if it looks, walks and quacks like a duck, then, absent compelling evidence to the contrary, we have warrant to conclude it's a duck."

Michael J. Behe, Biochemiker

„Organisms give the appearance of being designed, and thanks to Charles Darwin's discovery of natural selection we know why this is true."

Michael Ruse, Philosoph

„Die Verwendung von Begriffen wie „Bauplan" oder auch „Design" soll jedoch keineswegs unterstellen, eine Tierkonstruktion sei das Produkt einer zielgerichteten Planung."

„Campbell Biologie", 6. Auflage

Inhaltsverzeichnis

Einleitung

Als ich mit der Niederschrift dieses Manuskripts begann, ging ich davon aus, dass es nur Lesern in die Hände fallen würde, die das darin behandelte Thema auch besonders interessant finden und gezielt Literatur dazu suchen. Eine solche Leserschaft hat den Vorteil einer relativ hohen Leidensfähigkeit, d.h. sie interessiert sich dermaßen für das jeweilige Themengebiet, dass sie sich auch durch schwierig lesbare Literatur arbeitet und dabei den behandelten Sachfragen volle Aufmerksamkeit schenkt. Ich hoffe, dass der Leser diesem Typus zuzuordnen ist, und persönlich zähle ich mich eindeutig dazu. Der Lohn der Leidensfähigkeit sind oft genug faszinierende Gedanken, neuartige Perspektiven, erstaunliche Fakten sowie neue hartnäckige Fragen und damit letztlich die Motivation weiterzumachen. Ich hoffe, das dem Leser bieten zu können. Sozusagen als Ausgleich dafür, dass mein Text wohl mehr Lese*arbeit* als Lese*vergnügen* bereiten wird. Soweit mein trickreicher Versuch, die Erwartungen des Lesers im Hinblick auf den Haupttext zu "optimieren".

Worum geht es also? Das hier behandelte Gebiet ist in die Kategorie "Ursprungsfrage" einzuordnen und etwas präziser unter den Begriff "biologische Ursprungsfrage". Wenn man sich umsieht, merkt man, dass letztgenannte Frage, nach Auffassung vieler Wissenschaftler und Laien, im Prinzip gelöst erscheint. Dass die Entstehung des Lebens selbst und sein Erscheinen in unzähligen Formen Resultat ungerichteter Prozesse, natürlicher Vorgänge im Sinne ungelenkter naturgesetzlicher Abläufe und historischer Zufälle, sei, wird kaum bestritten. Am allerwenigsten vor breitem Publikum und im Kontext dessen, was von vielen als "seriöse Wissenschaft" angesehen wird. Damit wird auch die biologische Ursprungsfrage als *prinzipiell* gelöst wahrgenommen. Man kann allenfalls über Details noch kontrovers diskutieren: Welche ungelenkten Prozesse waren es genau, die die Organismenwelt hervorgebracht haben?

Ich stelle hier jedoch die Frage, die gemessen an dem, was heute allgemein zur "biologischen Ursprungsfrage" diskutiert wird, sozusagen eine Nummer größer ist: Waren es überhaupt (wie auch immer geartete) "ungelenkte Prozesse", die die wesentliche Rolle bei der Entstehung der Organismenwelt gespielt haben? Das Gegenteil solcher Prozesse wäre Planung, Design (oder wie es neuerdings in deutlicher Abgrenzung zu "Design" gesagt wird, welches durch ungerichtete Vorgänge entsteht: *Intelligentes* Design[1]), prinzipiell erkennbar durch *echte* Zielgerichtetheit biologischer Strukturen und Prozesse.

Möglicherweise löse ich mit dieser Aussage bei manchen Lesern einen Reflex aus: *Kreationismus!* Dieser Ausdruck ist heute sehr negativ besetzt, meist sogar so negativ, dass er starke Emotionen auslöst und sachlichen Diskussionen im Wege steht. Der Begriff ist oft genug nur der letzte Sargnagel jeder konstruktiven Unterhaltung oder Diskussion, und manchmal hat man, nebenbei bemerkt, den Eindruck, als würde auch genau *das* mit der Verwendung dieses Begriffes bezweckt. Wer dem Gegner das Etikett "Kreationist" verpasst, versetzt seinem Ansehen schon einen harten Schlag, bevor überhaupt Argumente ausgetauscht werden. Aber um Kreationismus soll es hier ohnehin nicht gehen. Einerseits ist klar, dass Gedanken wie der obige – die Frage nach Zielgerichtetheit und somit Planung in der Natur – viel älter als der moderne Kreationismus sind. Man kann das damit verknüpfte "Design-Argument" ohne Schwierigkeiten zu griechischen Denkern wie Sokrates, Plato und Aristoteles zurückverfolgen. Andererseits wird das Thema "Zielgerichtetheit" auch von modernen Evolutionisten sehr ernst genommen; in meiner Arbeit werde ich das nachweisen und die wesentlichen Gründe dafür aufzeigen. Viele Biologen haben die Zielgerichtetheit in der Organismenwelt beschrieben, den damit verbundenen Schluss auf Planung erkannt und zum Ausdruck gebracht, dass der Anschein von Zielgerichtetheit und Planung (bzw. "intentionalem Design") bei Lebewesen dringend einer Erklärung bedarf. Sie vertreten jedoch die Position, dass der *Anschein* von Planung in der Organismenwelt in der Tat nur Schein ist – erzeugt

---

1 Der Begriff "Design" ist nicht in jedem Zusammenhang als intentionaler Begriff zu verstehen. Heute wird zwar z.B. oft von „biologischem Design" gesprochen, aber ohne dass damit gemeint ist, es würde eine Absicht (und damit Intelligenz) dahinter stecken. D.h. der Ausdruck „Intelligent Design" impliziert nicht , dass eine Konstruktion besonders gut ist, sondern grenzt lediglich von Design-Begriffen ab, die keine planende Instanz einschließen. Die Notwendigkeit zu dieser Präzisierung bzw. Abgrenzung ist gerade im Kontext der biologischen Ursprungsfrage gegeben.

durch *ungelenkte* evolutionäre Prozesse (ob sie dies im Einzelfall lediglich als plausible Möglichkeit darlegen oder diese Position so stark formulieren, als wären sie selbst als Beobachter in der Erdvergangenheit dabei gewesen, ist für meine Argumentation inhaltlich nicht wesentlich. Es wird jedoch bemerkenswert häufig im Sinne der letztgenannten Variante Position bezogen). Es ist sozusagen Zielgerichtetheit ohne Ziel und dadurch ohne Zielgebung/Planung/Intention, die deshalb auch ohne eine planende Instanz (oder einen "Designer") auskommt. Der letztlich auf Teleologie basierende Anschein von Planung in der Organismenwelt, sei damit in Wirklichkeit eine *Illusion*, wie es verschiedene Autoren treffend ausdrücken. Traditionell wird das durch drei primäre Argumente untermauert, die eine Linie gegen echte Zielgerichtetheit bilden: 1. Von der Behauptung, einen Mechanismus gefunden zu haben, der Teleologie produziert, wie sie in der belebten Welt aufscheint, über 2. den Verweis auf (angeblich) dysteleologische Strukturen und Sachverhalte, die kein Planer so gemacht/zugelassen hätte und 3. zu dem Versuch, die Debatte *a priori* aus der Wissenschaft zu verbannen. Ich werde hier zeigen, dass diese Linie nicht ausreichend stark ist. Daraus ergibt sich die Konsequenz, dass das "Design-Argument" im Kontext der biologischen Ursprungsforschung grundsätzlich "im Rennen" ist. Ein ganz wesentlicher und interessanter Punkt ist in diesem Zusammenhang die Frage der Beweislast: Muss man sich tatsächlich verteidigen, wenn man die Zielgerichtetheit bzw. den Anschein von Planung in der Organismenwelt als real ansieht und daher auf eine planende Instanz schließt? Darauf aufbauend wird auf die Konsequenzen dieses Arguments hingewiesen sowie auf die Aufgaben, die in diesem Zusammenhang auf Vertreter des Arguments (im Sinne des *Intelligent Design*-Ansatzes) warten.

Stichwort „Intelligent Design" (ID)[2]: Dieser Begriff ist inzwischen enorm mit Vorurteilen sowie Emotionen behaftet. Richard DAWKINS etwa sagte laut *ORF*

---

2 Michael J. BEHE, ein führender ID-Vertreter, hat im Dover-Prozess folgende Definition für ID gegeben: *„Intelligent design is a scientific theory that proposes that some aspects of life are best explained as the result of design, and that the strong appearance of design in life is real and not just apparent."* (KITZMILLER *et al.* vs Dover Area School Destrict *et al.*/4:04-CR-002688/ BEHEs Zeugenaussage vom 17.10.2005, S.89 Zeilen 2-5) Für eine Einordnung des ID-Ansatzes in das weite Feld der Ursprungskonzepte siehe ROSS 2005; O'LEARY 2004 bietet eine umfassende und gut lesbare Einführung in die Kontroversen um den Anfang, mit besonderem Fokus auf ID.

ON-Science am 26. August 2005 im Rahmen des *Europäischen Forum Alpbach*, er würde - seinem ersten Impuls folgend - Studenten die ID-Ansichten äußern, aus dem Lehrsaal werfen lassen. Dasselbe, meinte er gemäß *ORF ON-Science*, solle auch Studenten widerfahren, die den Holocaust bezweifeln. Rangieren ID-Vertreter und Holocaust-Leugner auf einer Stufe? Ellis RUBINSTEIN, ehemaliger Chefredakteur von *Science*, bekommt bei der Erwähnung von „Intelligent Design" Angst, sein Abendessen könne seinen Magen über die Speiseröhre verlassen. So berichtete jedenfalls *Spiegel-Online* am 17. Oktober 2005. Das sind schon sehr heftige Reaktionen (und dabei erst die Spitze des Eisbergs). Aber es wäre ein Fehler, sich von solchen Wortgewittern von der eigentlichen Sache ablenken zu lassen: *Intelligent Design* an sich bedeutet nur die Fortsetzung oder Vertiefung von Design-Argumenten; den Versuch Planung mit Hilfe moderner wissenschaftlicher Methoden zu erkennen. Was immer sich auch "rundherum" angesammelt hat, welche Auswirkungen und Rollen ID in der Gesellschaft hat, in welche Weltanschauung es gut, besser oder gar nicht passt, sogar die Tatsache, dass ID in seiner modernen Form, genauso wie Kaugummi, Atombomben und *McDonald's* in den USA entstand (was manche für sich genommen schon beunruhigt) und auch der Sachverhalt, dass in den USA gegenwärtig der Hauptteil der ID-Kontroverse stattfindet - all das berührt die eigentlichen, mit ID einhergehenden *Sachfragen* nicht.

Noch einige Worte zur Struktur der Arbeit: Ich habe der Dokumentation in weiten Teilen klar den Vorrang vor der Lesbarkeit gegeben. Dem Leser bieten ausführliche und reichliche Zitate eine bessere Basis für ihr Urteil, den Autor schützen sie ein Stück weit vor Einwänden, die gerade eben aus fehlenden oder knappen Dokumentationen resultieren können. In Textkästen und Fußnoten finden sich zudem noch zusätzliche Informationen, die oft ebenfalls der besseren Dokumentation oder Betonung von Sachverhalten dienen. Etliche Literaturverweise bieten darüber hinaus die Möglichkeit, sich umgehend weiter in Nachforschungen zu stürzen.

Für zahlreiche hilfreiche und kritische Anmerkungen zu dieser Arbeit möchte ich Herrn Dr. Reinhard JUNKER (Baiersbronn), Herrn Dr. Wolf-Ekkehard LÖNNIG (Köln) und Herrn Dr. Christian RAMASEDER (Linz) danken. Mein spezieller Dank gebührt auch allen, die mir die Abdruckerlaubnis für ihre Abbildungen unentgeltlich gegeben haben, sowie denen, die dieses Projekt indirekt durch anregende Gespräche und ermunternde Kommentare gefördert haben.

Selbstverständlich bin ich für alle eventuell verbliebenen Schwächen und Fehler alleine verantwortlich, auch bin ich den Anregungen nicht in jedem Fall gefolgt.

Markus Rammerstorfer
Linz an der Donau, im Januar 2006

1. Design(er) im Schnee?

Ulrich KUTSCHERA (2004) versucht den *„Kerngedanken des "Design-Arguments"*" herauszuarbeiten und die *„wissenschaftliche Unhaltbarkeit dieses Konzepts anhand des Schneeflocken-Beispiels*" darzulegen (S.284). Er schreibt unter Anderem:

„Der Schnee kann als eindrucksvolles Dokument für "unintelligentes (d.h. physikalisch-chemisches) Design" angeführt werden." (S.291)

KUTSCHERA beschreibt anschließend, wie solche Kristalle entstehen, und führt eine Berechnung an, die die Entstehung eines solchen Gebildes in einem Schritt errechnet: Die Zahl ist unvorstellbar gering - demnach dürfte es nie irgendwo auch nur eine einzige Schneeflocke geben. KUTSCHERA unterstellt daraufhin pauschal den so genannten *„Anti-Evolutionisten*", sie würden solche Berechnungen tätigen. Aber es geht nun nicht darum, die klassische *„Tornado in a Junkyard*" - Argumentation[3] zu diskutieren, sondern festzustellen, was KUTSCHERAs Exkurs zur Schneeflocken-Entstehung mit dem Design-Argument zu tun hat. Das erörtert KUTSCHERA zwar nicht im Detail, aber wenn er z.B. auf Seite 293 Schneekristalle als „Design-Produkte" physikalisch-chemischer Prozesse bezeichnet, wird die Botschaft ziemlich deutlich: Ungelenkte materielle

3 Dieses Argument geht, grob skizziert, wie folgt: Die Wahrscheinlichkeit, Struktur X zufällig zu erhalten, ist geringer als die Wahrscheinlichkeit, dass ein über den Schrottplatz fegender Tornado einen Jumbojet erzeugt. Das primäre Problem mit dem Argument ist, dass Darwinisten nicht behaupten, eine Struktur hätte in „einem Schritt" zu entstehen. Im Sinne der Analogie gesprochen, würde Darwinismus eher zahllose Wirbelstürme bedeuten, die gelegentlich ein Teil so platzieren, dass irgendwann einmal nebenbei ein Jet entsteht. Dies zeigt, dass das Argument nicht zieht, weil es den Charakter des darwinschen Gradualismus verfehlt - wenn es im falschen Kontext angewendet wird. Darwinisten haben damit allerdings für ihre Position nichts gewonnen. Denn ihr Job wäre es, nicht nur auf den gradualistischen Charakter ihres Konzepts zu pochen, sondern auch zu zeigen, wie Struktur X denn gradualistisch entstehen kann - also dass ihr Konzept überhaupt tauglich ist. Im Sinne der Analogie: Wo der Weg der selektionspositiven Schritte liegt, die in einem Schrotthaufen einen Jet entstehen lassen. Eine weitere Möglichkeit wäre, dass physico-chemische Vorgänge *direkt* oder über identifizierbare Zwischenschritte zu Struktur X führen. Wenn es nicht um Zufälle geht, sondern Gesetzmäßigkeiten zu X führen, baut die Wahrscheinlichkeitsrechnung ebenfalls auf einer falschen Basis auf. Das ist etwa bei Schneeflocken der Fall.

Prozesse können eindrucksvolle Strukturen erzeugen, die man irrtümlich als Produkte intelligenten Designs einstufen könnte.

Das Argument ist nicht neu. Es ist nur einer von vielen ähnlichen Versuchen, den Schluss auf intelligentes Design von vornherein unglaubhaft erscheinen zu lassen. Aber ist die Situation wirklich so simpel? Ein Vertreter des Design-Arguments, Walter James REMINE (1993), schreibt zu einem anderen Versuch, den Schluss auf Design mit Verweisen auf Kristalle und Schneeflocken zu entkräften:

„*He tries to cast doubt on the entire argument from design by misapplying it to crystals. Crystals do not demand an intelligent designer. Crystals – in this case snowflakes – show design only in the casual sense of the word. We say crystals have a "pretty design." Crystals are highly regular or ordered, yet they are actually quite elementary. The unifying design of snowflakes is so simple it is fully described in two words: hexagonal symmetry. Evolutionists overemphasize order, and this misdirects our attention away from the real issues.*" (S.38)

In anderen Worten: Hier wurde der Begriff „Design" in einer Weise definiert bzw. verwendet, die bestimmte kritische Einwände erst möglich macht. Interessant ist, was Francis CRICK (1988) zum Thema "Design-Argument" gesagt hat:

„*The second property of almost all living things is their complexity and, in particular, their highly organized complexity. This so impressed our forebears that they considered it inconceivable that such intricate and well-organized mechanisms would have arisen without a designer. Had I been living 150 years ago I feel sure I would have been compelled to agree with this Argument from Design. (...) This compelling argument was shattered by Charles Darwin, who believed that the appearance of design is due to the process of natural selection.*" (S.32)

CRICK denkt, dass mit dem Verweis auf DARWIN das „Design-Argument" entkräftet ist – doch darum geht es vorerst nicht. Die Frage ist: CRICK hätte unter anderen Umständen das „Design-Argument" für überzeugend befunden – wie kann das jedoch sein, wenn dieses Argument sich schon mit dem Verweis auf Schneeflocken und ähnliche Strukturen entkräften lässt? Ist CRICK einem so simplen Irrtum aufgesessen, oder ist es vielleicht ein Irrtum zu glauben, Schneeflocken würden die *„real issues"*, bezogen auf das „Design-Argument" im Bereich der Biologie, berühren?

Es geht natürlich nicht darum, Autoritäten gegeneinander auszuspielen, nach dem Motto: Hier jemand, der das „Design-Argument" als völlig irreführend hinstellt (z.B. KUTSCHERA), dort jemand, der es als prinzipiell kraftvoll ansieht (z.B. CRICK). Das wäre sinnlos, letztlich zählen nur Sachargumente. Aber es geht darum, diese feinen Dissonanzen zu erkennen, welche Hinweise darauf geben, dass in einer Thematik noch mehr liegt. Im Prinzip geht es im weiteren Verlauf der Arbeit nur darum, diesen Hinweisen Folge zu leisten und etwas in die Thematik einzutauchen. Ich denke, dass sich rasch zeigen wird, warum das "Design-Argument" nicht an Schneeflocken scheitert. Oder anders gesagt: Weshalb der Eindruck von Planung in der Organismenwelt nicht oberflächlicher Natur ist.

2. Leben surft

Osmose ist die Diffusion von Wasser durch eine semipermeable Membran. Wenn man zwei Lösungen mit unterschiedlichen Konzentrationen der darin gelösten Substanzteilchen vergleicht, so nennt man die Lösung mit der höheren Konzentration hypertonisch und die Lösung mit der geringeren Konzentration hypotonisch. Diese Begriffe haben natürlich nur im direkten Vergleich von Flüssigkeiten einen Sinn: Leitungswasser z.B. ist hypertonisch im Vergleich zu destilliertem Wasser, aber hypotonisch im Vergleich zu Meerwasser. Lösungen mit der gleichen Konzentration gelöster Teilchen nennt man isotonisch.

Wenn man sich ein U-förmiges Gefäß vorstellt, in dem eine für Wasser durchlässige Membran zwei unterschiedlich konzentrierte Zuckerlösungen trennt, so wird auf der hypertonischen Seite der Wasserspiegel steigen. Denn das Wasser diffundiert von der hypotonischen Lösung in die hypertonische Lösung, in dem „Bestreben" sie zu verdünnen, während die Zuckermoleküle an der Membran scheitern, weil deren Poren zu klein sind. Das „Bestreben" ist in Wahrheit natürlich eine Umschreibung für das Wirken von Naturgesetzen (stets zunehmende Entropie/Unordnung) - Wassermoleküle haben bezüglich ihrer „Marschroute" keine Wahl.

Wasser ist ein Stoff, der fast ungehindert durch die Membranen von Zellen diffundiert (=passiver Transport), und dieser Vorgang hat für Zellen wichtige Konsequenzen. Denn zum einen ist Wasser für Organismen lebenswichtig, und zum anderen stellen osmotische Prozesse die Zellen vor Herausforderungen (wobei Tierzellen stärker als Pflanzenzellen betroffen sind, da sie keine starre Zellwand besitzen). Die allgemeine Grundschwierigkeit besteht in dem Sachverhalt, dass die körpereigenen Konzentrationen von denen der Umwelt abweichen. Lebewesen müssen Konzentrationen aufrecht erhalten, die das optimale Funktionieren des Organismus garantieren. Dazu muss sowohl das Volumen des Organismus als auch die Konzentration der gelösten Substanzen in recht engen Grenzen gehalten werden. Konzentrationsunterschiede zeigen jedoch die Tendenz sich auszugleichen und gefährden somit das auf ein optimales Funktionieren hin ausgerichtete innere Milieu eines Lebewesens.

So kann eine Zelle ohne starre Zellwand weder übermäßige Wasseraufnahme noch übermäßigen Wasserverlust vertragen. Wird sie z.B. in eine hypotonische Lösung gebracht, nimmt sie pro Zeiteinheit mehr Wassermoleküle auf als sie verliert. Dadurch schwillt sie an und platzt schließlich wie ein übermäßig aufgeblasener Luftballon. Der Wasserausgleich ist von vornherein kein Problem, wenn eine solche Zelle in einer für sie isotonischen Umgebung lebt. So ist etwa Meerwasser für viele marine Wirbellose isotonisch, während die inneren Körperzellen von Süßwasserbewohnern oder Festlandbewohnern von isotonischer Extrazellulärflüssigkeit umgeben sind. Zellen in einer für sie hypertonischen Lösung haben dagegen das Problem, dass ihnen das lebenswichtige Wasser entzogen wird und sie einschrumpfen. Das trifft auch auf Pflanzenzellen zu, die Zellwand bietet hier keinen Vorteil.

Natürlich sind Organismen solchen Prozessen nicht hilflos ausgeliefert, sondern haben verschiedene Mechanismen ihren Wasserhaushalt zu regulieren. Besonders anschaulich zeigt sich dies am Pantoffeltierchen *Paramecium.* Dieser Einzeller lebt in Süßwassertümpeln, ein für ihn sehr stark hypotonisches Niveau. Insgesamt bewegt sich daher mehr Wasser in die Zelle (= die hypertonische Konzentration) als aus ihr hinaus - es besteht die Gefahr zu platzen, und die Zelle muss ihr Volumen kontrollieren. Die erste Verteidigungslinie von *Paramecium* besteht in einer Membran, die für Wasser ungewöhnlich schwer passierbar ist. Die nächste Maßnahme besteht in als „Lenzpumpen" fungierenden kontraktilen Vakuolen, deren Anzahl artspezifisch ist. Diese befördern das durch Osmose eindringende Wasser genauso schnell aus der Zelle hinaus, wie es eindringt.

Darüber hinaus sind Zellmembranen nicht einfach semipermeabel, sondern selektiv permeabel. Dieser Ausdruck vermittelt einen viel besseren Eindruck von dem, was Zellmembranen wirklich tun: Sie lassen nicht nur eine Substanz durch und eine andere nicht, sondern erleichtern gewissen Substanzen den Durchtritt (erleichterte Diffusion über Transportproteine), während andere Substanzen im Rahmen des aktiven Transports sogar gegen ihr Konzentrationsgefälle gepumpt werden, zumeist unter Verbrauch von ATP. Der Ausdruck „selektiv" zeigt mehr auf eine Tätigkeit hin und kommt somit den tatsächlichen Gegebenheiten näher.

Ohne weiter in den Kosmos biologischer Komplexität einzutauchen (was der interessierte Leser mit guten Biologiebüchern sicher besser kann): Am Beispiel der Osmoregulation zeigt sich wunderbar, dass es im Bereich der Biologie nicht um Schneeflocken geht. Schneeflocken - so wunderbar komplex und geordnet sie auch wirken - sind nichts anderes als *Effekte* von Naturgesetzlichkeiten. Sie sind diesen in jeder Beziehung ausgeliefert. Organismen hingegen scheinen mit diesen auf eine gewisse Art zu interagieren oder zu spielen. Der strikt naturgesetzliche Prozess der Osmose etwa wird in einen größeren Kontext eingebunden, er wird von der Zelle - als der kleinsten lebendigen Einheit - genutzt und dort, wo er Probleme bereiten kann, werden aktive Gegenmaßnahmen gesetzt. Zellen erinnern an Surfer: Diese sind völlig abhängig von der tosenden Naturgewalt in Form von Wassermassen, Wind und Wetter. Und doch werden sie von diesen nicht alleine bestimmt - sie bestimmen ihren Kurs selbst, wenn auch keineswegs unabhängig von der Naturgewalt. Eine Schneeflocke wäre in dieser Analogie lediglich ein Stück Treibgut - in jeder Beziehung den Naturgesetzlichkeiten ausgeliefert. Ich argumentiere hier nicht für irgendeine rätselhafte „Lebenskraft" oder dergleichen, jedoch dafür, dass lebende Organismen nicht einfach „komplex" oder „hochgeordnet" sind, sondern dass ihnen zumindest eine weitere Eigenschaft zuzuschreiben ist - eine Eigenschaft, die für alle Menschen zur Alltagserfahrung gehört und keineswegs mystisch ist.

3. Lebens-Technik?

Die Biologie wird in vielen Bereichen stark in Analogie zur Technik gesehen, und aktuelle Forschungen haben dieser Sicht weiter Auftrieb gegeben. Manche Forscher bezeichnen biologische Konstruktionen sogar ohne Umschweife als Technik, wie etwa Werner NACHTIGALL und Kurt G. BLÜCHEL (2001):

„Die Natur hat die Technik „erfunden". Das klingt seltsam, ist aber so. Technik ist nicht erst eine Errungenschaft des Menschen. Ja, oft scheint es so, als hätten wir unsere Erfindungen unmittelbar der Natur abgeschaut. Und heute wissen wir, daß die Technik sich vermutlich manche Umwege hätte ersparen können, wenn sie zunächst bei der Natur nachgeschaut hätte. Alles Leben ist denselben Naturgesetzen unterworfen wie die Konstruktionen des Menschen. Daher ist es durchaus berechtigt, auch in der belebten Natur von „Technik" zu sprechen." (S.15)

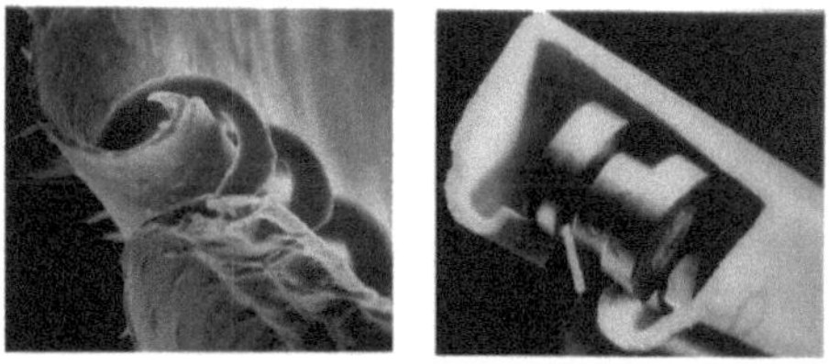

Abbildung 1 Technik & Technik: Flügelkopplung bei der Honigbiene und Vorhangschiene. Viele vierflügelige Insekten koppeln Hinter- und Vorderflügel über ein Haken-Ösen-System aneinander. Dabei ist auch ein Hin-und Herschieben möglich. Ähnlich laufen die den Vorhang tragenden Röllchen in den U-förmigen Schienen technischer Vorhangstangen. (aus NACHTIGALL 2001, S.220; Abdruck mit freundlicher Genehmigung von Dr. A. Wisser)

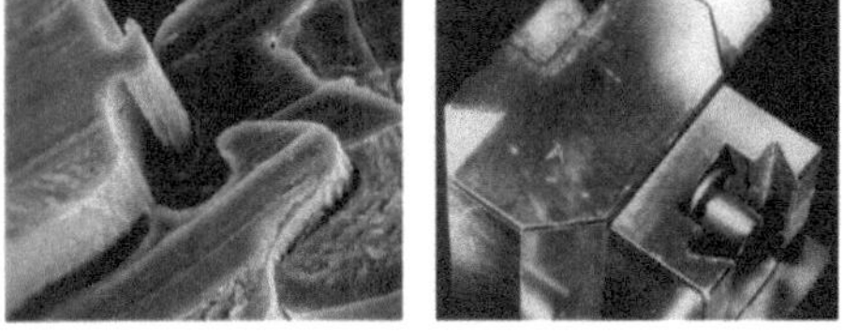

Abbildung 2 Technik & Technik: Links die Schwalbenschwanzführung bei der Legeröhre von Heuschrecken, rechts eine technische Schwalbenschwanzeinrichtung. (aus NACHTIGALL 2001, S.221; Abdruck mit freundlicher Genehmigung von Dr. A. Wisser)

Reinhard FINK (2004) hebt noch eine Besonderheit dieser „Technik" hervor, die wesentlich für viele der grundlegenden Unterschiede zur (heutigen) Technik des Menschen sein dürfte:

„Die Natur gründet auf das Kleinste, auf biologische Nano-Technik (molekulare Ebene). Auch das Größte (Wal, Tyrannosaurus, kalifornischer Baumriese) baut sich aus dem Kleinsten auf: Giga-Welt ist Nano-Welt." (S.16)

Wenn von Natur und Technik die Rede ist, wird auch zunehmend an die Molekularbiologie gedacht, welche hier *unerwartete* Parallelen aufgedeckt hat. Bruce ALBERTS (1998) gibt dazu folgende Einleitung:

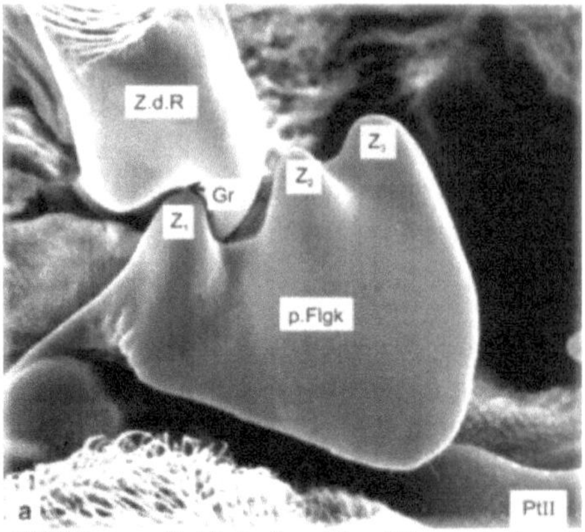

Abbildung 3 Technik: Die "Gangschaltung" einer Schmeißfliege, bestehend aus dem pleuralen Flügelgelenkkopf (p.Flgk) und dem Radiuszahn (Z.d.R.). (aus NACHTIGALL 2003, S.55; Abdruck mit freundlicher Genehmigung von Dr. A. Wisser)

„We have always underestimated cells. Undoubtedly we still do today. But at least we are no longer as naive as we were when I was a graduate student in the 1960s. Then, most of us viewed cells as containing a giant set of second-order reactions: molecules A and B were thought to diffuse freely, randomly colliding with each other to produce molecule AB-and likewise for the many other molecules that interact with each other inside a cell. This seemed reasonable because, as we had learned from studying physical chemistry, motions at the scale of molecules are incredibly rapid. Consider an enzyme, for example. If its substrate molecule is present at a concentration of 0.5 mM which is only one substrate molecule for every 10^5 *water molecules, the enzyme's active site will randomly collide with about 500,000 molecules of substrate per second. And a typical globular protein will be spinning to and fro, turning about various axes at rates corresponding to a million rotations per second."*

ALBERTS beschreibt anschließend, wie und warum sich die Sichtweise auf die molekularen Grundlagen des Lebens geändert hat:

„But, as it turns out, we can walk and we can talk because the chemistry that makes life possible is much more elaborate and sophisticated than anything we students had ever considered. Proteins make up most of the dry mass of a cell. But instead of a cell dominated by randomly colliding individual protein molecules, we now know that nearly every major process in a cell is carried out by assemblies of 10 or more protein molecules. And, as it carries out its biological functions, each of these protein assemblies interacts with several other large complexes of proteins. Indeed, the entire cell can be viewed as a factory that contains an elaborate network of interlocking assembly lines, each of which is composed of a set of large protein machines." (S.291)

Der Begriff „Proteinmaschinen" ist keineswegs ein Ausdruck, den man vielleicht einfach im ersten Eindruck der unerwarteten Komplexität des Lebens gewählt hat – jedoch ohne dass er eine tiefere Bedeutung hätte. Jedenfalls gibt ALBERTS eine Begründung für den Begriff, die den möglichen Verdacht einer schnelllebigen Sternschnuppe am „Schlagworthimmel" als vorschnell erscheinen lässt:

„Why do we call the large protein assemblies that underlie cell function protein machines? Precisely because, like the machines invented by humans to deal efficiently with the macroscopic world, these protein assemblies contain highly coordinated moving parts. Within each protein assembly, intermolecular collisions are not only restricted to a small set of possibilities, but reaction C depends on reaction B, which in turn depends on reaction A-just as it would in a machine of our common experience." (S.291)

Adam S. WILKINS (2003) hat sich dem Thema der molekularen Maschinen ebenfalls angenommen, wobei es besonders aufschlussreich ist, zu beobachten, warum er dem Begriff „Maschinen" gegenüber vorsichtig ist:

„In closing, it is worth considering for a moment the question of how well the "machine" metaphor when applied to molecular complexes actually holds up. In two respects, the analogy falters. First, these "molecular machines" are products of evolution, not "design" by engineers. (As noted above, several of

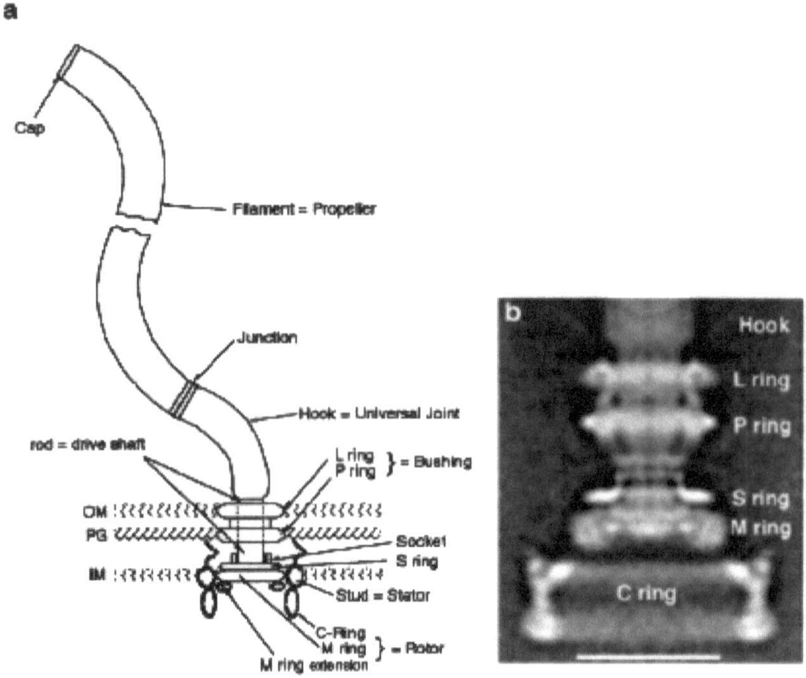

Abbildung 4 Technik: Die Flagelle einer Bakterie arbeitet wie ein Rotationsmotor – *„More so than other motors, the flagellum resembles a machine designed by a human"* (Zitat und Bilder aus *DE*ROSIER 1998, S.18; Abdruck mit freundlicher Genehmigung von *Elsevier*). a) Funktionsschema b) Bild, generiert aus elektronenmikroskopischen Aufnahmen. Der Balken steht für 25 milliardstel Meter!

the articles touch on evolutionary aspects of particular molecular machines.) Second, as noted by von Hippel and Delagoutte they are controlled by different forces. While man-made machines, at least the conventional ones (not the new nano-machines), are affected by gravity and inertia, molecular machines are most strongly affected by diffusional processes and conformation change."

Soweit die Punkte, in denen die „Maschinen-Analogie" zu schwächeln scheint. Wobei der eine Punkt sich auf eine spekulative Historie der „molekularen Maschinen" in der Natur bezieht (Oder war jemand dabei, als diese Maschinen

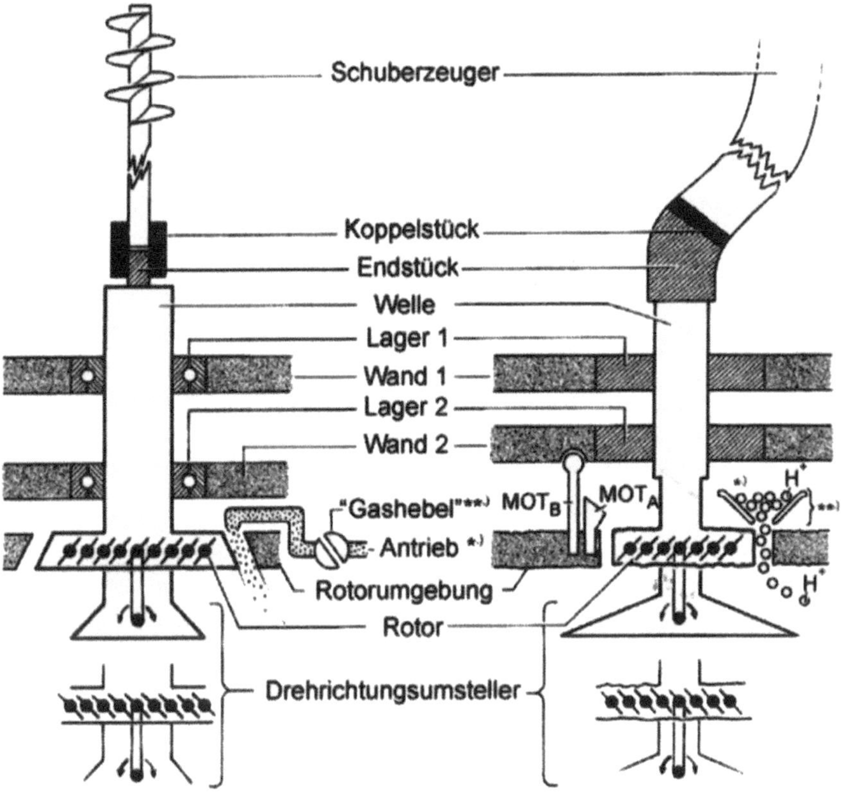

Abbildung 4b Technik & Technik: „Technoide Abstraktion" – Rechts das Schema eines Rotationsmotors, links die Prinzipkonstruktion des Rotationsmechanismus einer Bakteriengeißel: *„Die Natur baut funktionelle, hochkomplexe „Maschinen" im molekularen Größenbereich."* (Zitat und Bilder aus NACHTIGALL 2002 , S.126 ; Abdruck mit freundlicher Genehmigung von Prof. em. Dr. W. Nachtigall)

zum ersten Mal in Erscheinung traten?) und der andere Punkt die Analogie sicher nicht fundamental schwächt. WILKINS fährt fort:

„Yet, the articles included in this issue demonstrate some striking parallels between artifactual and biological/molecular machines. In the first place, molecular machines, like man-made machines, perform highly specific functions. Second, the macromolocular machine complexes feature multiple parts that

interact in distinct and precise ways, with defined inputs and outputs. Third, many of these machines have parts that can be used in other molecular machines (at least, with slight modification), comparable to the interchangeable parts of artificial machines. Finally, and not least, they have the cardinal attribute of machines: they all convert energy into some form of "work". As von Hippel and Delagoutte conclude: "[T]hinking about the two worlds [molecular and man-made machines] in parallel is useful and Instructive, and the macromolecular machine concept, couched in the language of thermodynamics, hydrodynamics, kinetics and structure, continues to be useful in guiding our thinking about biological processes." (S.1146)

Ein Einwand gegen die Analogie bezieht sich, wie gesagt, auf die andersartigen Umstände unter denen molekulare Maschinen arbeiten, sie sind anderen Kräften ausgesetzt. WILKINS räumt jedoch selbst ein, dass hier kein grundlegender Unterschied liegt, wenn er darauf hinweist, dass dies im Vergleich zu konventionellen menschgemachten Maschinen zwar zutrifft, aber nicht in Bezug auf die Nano-Maschinen, ein Bereich in dem permanent Fortschritte gemacht werden. Auch wenn dem nicht so wäre, würde die Maschinen-Analogie daran nicht scheitern.

WILKINS' *primärer Einwand* scheint eher darin zu liegen, dass er die molekularen Maschinen als Produkt ungelenkter Prozesse anstatt geplanter Vorgänge sieht. Es ist bemerkenswert, dass er sich die Mühe macht, dies herauszuheben – offensichtlich trägt die molekulare Maschinerie kein Schild mit der Aufschrift „*designed by evolution*" bzw. unterscheidet sich nicht grundlegend von dem, was vom Prinzip her auch ein Ingenieur machen würde. Ansonsten wäre der Hinweis deplatziert.

In der Praxis macht diese Unterscheidung (die auf der unbewiesenen Behauptung beruht, molekulare Maschinen seien ein Produkt der Evolution) allerdings keinen Unterschied: Denn offensichtlich ist es ein heuristisch exzellenter Ansatz, die molekularen Maschinen in Analogie zu menschgemachten Maschinen zu erforschen. Kurz gesagt, ist es die Denkweise eines Ingenieurs,

Die Kybernetik ist ein Bereich, der breite und tiefgreifende Ähnlichkeiten zwischen Organismen und menschlicher Technik aufzeigt. Eine kybernetische Betrachtungsweise bezieht sich auf Steuerung und Regelung (Rückkopplung) in komplexen Systemen. Steuerung alleine würde bedeuten, dass einem System einfach gesagt wird, was es zu tun hat. Ein Problem für eine solch simple Anordnung sind Störgrößen. Regelung impliziert, dass das gesteuerte System Informationen an die Steuerinstanz zurückgibt, wodurch ein Regelkreis entsteht und die Steuerung sich an eine eventuell veränderte („gestörte") Situation anpassen kann. Werner NACHTIGALL (2002) führt hierzu das Beispiel der Drehzahlregelung einer Dampfturbine an. Hierbei sind mehrere Störgrößen denkbar, etwa Zusatzlasten oder Veränderungen des Dampfkesseldrucks. Der Regler vergleicht die momentane Drehzahl mit einer von der Steuerung vorgegebenen Solldrehzahl. Für die Dauer der Abweichung wird ein Ventil so gestellt, dass die Störgröße ausgeregelt wird und Dampfturbine wieder mit der gewünschten Drehzahl arbeitet. NACHTIGALL schreibt anschließend: *„Im biologischen Bereich gibt es eine Vielzahl solcher Beispiele für Proportionalregelung (P), dazu Differentialregler (D), Integralregler (I) und kombinierte DI- und schließlich PDI-Regler. Durch ein vermaschtes System solcher Regelkreise mit unterschiedlichen Regeleigenschaften, die mit unterschiedlichen Fühlern und Stellgliedern arbeiten, wird z. B. unsere Körpertemperatur und unser Blutdruck auf einem Nennwert angenähert konstant gehalten, unabhängig also von äußeren Stellgrößen wie Wärme oder Kälte, exzessive Arbeit oder Ruhe etc. Biologische Regelmechanismen können äußerst komplex sein."* (S.426, für ein Fallbeispiel vergl. den Kasten auf S.40, bzw. die in der Arbeit von EL-SAMAD *et al.* beschriebene zelluläre Reaktion auf Hitzeschock) Die Tatsache, dass von Menschen ersonnene Steuerungs- und Regelsysteme auch in Organismen vorhanden sind (wenn auch mit anderen Mitteln umgesetzt), demonstriert einmal mehr, wie sehr sich die Frage nach Planung aufdrängt: Sollte man wirklich in Anlehnung an DAWKINS (2005, S.33 zitiert auf S.26) sagen: „Es gibt komplexe Steuerungs- und Regelsysteme, die durch Design geschaffen wurden (Technik) und komplexe Steuerungs- und Regelsysteme die nach denselben Prinzipien funktionieren, jedoch durch ungerichtete Prozesse nebenbei entstanden sind (Organismenwelt)." Oder wäre es nicht plausibler zu sagen: „Wir haben in der Biologie und in der menschlichen Technik grundsätzlich dieselben Systeme – könnten sie nicht auch in ihrem Ursprung ähnlich, d.h. geplant, sein?"

die in Bezug auf die angeblich durch ungelenkte Prozesse entstandenen molekularen „Maschinen" zum Erkenntnisfortschritt führt. Mehr sei an dieser Stelle dazu nicht gesagt – später wird das Thema in einem größeren Kontext wiederkehren. Für den Moment gilt es festzuhalten, dass Biologie und Technik offensichtlich starke Parallelen aufweisen – was sich sowohl im makroskopischen als gerade auch im mikroskopischen Bereich bestätigt.

Der Punkt ist nun *nicht*, äußerliche Ähnlichkeiten zwischen den beiden Gebieten zu zählen: Hier ein Bakterienrotationsmotor, dort der Antrieb einer Schiffs-schraube; hier die Kamera, dort das Auge; hier ein Harpunensystem, dort eine Nesselzelle, die Identität von Organismen und Technik auf der kybernetischen

Ebene usw. (vergl. Abb.1-4). Allen diesen Gemeinsamkeiten ließen sich wesentliche Unterschiede entgegenstellen (sicher auch abhängig vom jeweiligen Entwicklungsstand der menschlichen Technik). Am Ende würden eine Aufstellung von Ähnlichkeiten und Unterschieden zwischen Natur und Technik für sich genommen doch wenig aussagen, wenngleich die Ähnlichkeiten für sich genommen sicher die Frage nach einem gemeinsamen (intentionalen) Ursprung motivieren können und die Unterschiede vor voreiligen Schlüssen mahnen.

Die Frage ist stattdessen, ob es nicht eine oder wenige fundamentale Gemeinsamkeiten gibt, die erklären, wie es zu den tiefgreifenden Ähnlichkeiten *und* Unterschieden zwischen Biologie und Technik kommen kann. Die oben zitierten Autoren NACHTIGALL & BLÜCHEL hatten sicher auf eine wichtige Kategorie von Gründen hingewiesen, als sie auf die Naturgesetze als vereinheitlichendes Prinzip abzielten. Nur gelten diese für Schneeflocken gleichermaßen - und die stellen zweifellos eine andere Kategorie als Technik und Biologie dar. Etwas fehlt also.

4. Teleologie? Teleonomie!

Mit den eben zitierten Statements, die eine - gerade auch durch die Molekularbiologie gestärkte - technisch inspirierte Sicht des Lebens offenbaren, sind wir schon beträchtlich in Richtung der „weiteren Eigenschaft" gerückt, die Organismen neben „Komplexität" und „Ordnung" haben. Es beruht nicht auf einer oberflächlichen Ähnlichkeit, dass man Organismen so gut in Analogie zur menschlichen Technik verstehen kann. Organismen haben mit der Technik einen wesentlichen Aspekt gemein: Teleologie. Organismen wirken insgesamt hochgradig zielgerichtet - von der molekularen Ebene bis hin in den Bereich des Verhaltens. Diese Besonderheit wird nicht selten herausgestellt, so heißt es etwa im *„Herder"* (VOLLMER 1994):

„In der Biologie ist das Problem komplizierter. Keine Naturbeobachtung, und erst recht keine Wissenschaft vom Leben, ist vollständig, die nicht auch die unverkennbare Zweckmäßigkeit organismischer Systeme beschreibend und erklärend in ihre Überlegungen einbezieht. (...) Tatsächlich stellt sich auch die moderne Biologie - im Gegensatz zur Physik - noch regelmäßig und mit Erfolg die Frage „Wozu?" und sucht sie zu beantworten." (S.168)

Wenn man in der *Bertelsmann Lexikothek* (1997) unter dem Stichwort „Teleologie" nachschlägt, erhält man eine ähnliche Aussage zu den Besonderheiten der Biologie:

„Im Gegensatz zu Aristoteles und der mittelalterlichen Weltanschauung wurde von Demokrit, Epikur und der neuzeitlichen, zumeist mechanistisch ausgerichteten Naturwissenschaft das Vorhandensein einer Zweckursache verneint, bzw. die anscheinende Zweckmäßigkeit der Natur mechanistisch zu erklären versucht. Eine Grenze hierfür fand sich in den biologischen Erscheinungen, insofern diese mindestens eine teleologische Beschreibung nahe legen."

Damit wird es Zeit, einen weiteren Begriff in die Diskussion zu bringen und auch das obige Zitat aus dem *„Herder“* fortzusetzen:

„Gleichzeitig wird jedoch auch betont, daß die Frage wie Antwort nur scheinbar teleologisch, in Wahrheit nämlich nur Kurzfassungen kausaler Formulierungen seien: Welche Funktion ist es, deren arterhaltender Wert evolutiv zur Ausbildung dieser Struktur geführt hat? Antwort: Solche Individuen, deren Genom (zunächst zufällig) die Information zu dieser funktionellen Struktur enthielt, waren (notwendig) erfolgreicher und konnten diese genetische Information an mehr Nachkommen weitergeben. Frage und Antwort betreffen also den Selektionswert der betreffenden Struktur. (...) Es handelt sich hier – wie man gerne paradox formuliert – um Teleologie ohne Telos, um Zweckmäßigkeit ohne Zweck und erst recht ***ohne Zwecksetzer****, also um Funktionalität, um selektive Systemerhaltung, und damit um eine Eigenschaft, die überhaupt erst bei replikativen Systemen, also (fast) ausschließlich bei Organismen zum Tragen kommt.“* (S.168/169, Heraushebung vom Autor)

Die Segnungen einer Begriffseinführung, zeigen sich sehr deutlich in Zusammenhang mit dem Ausdruck "Teleonomie". Robert SPAEMANN und Reinhard LÖW (1981) kommentieren dazu treffend:

„Mit der Einführung der Teleonomie gewinnt die Biologie wieder die Unbefangenheit ehemals »teleologischen« Sprechens zurück und kann sich aller Vorteile, besonders auch der heuristischen, dieses Verfahrens erfreuen. Es handelt sich um die Konstatierung von tatsächlicher Zweckmäßigkeit (nicht »metaphysischer«) als Zufallsprodukt in einem sonst ateleologischen Kosmos. Die Vorteile der Teleologie sind damit von der Biologie integriert worden, ihre Nachteile hingegen blieben draußen.“ (S.218)

Aber zu den Segnungen einer Begriffseinführung zählt nicht notwendigerweise eine Lösung der eigentlichen Probleme. Im Gegenteil droht die Gefahr einer Verschleierung.

Heute ist für diese um das Ziel gekürzte Zielgerichtetheit (also die *scheinbare* Zielgerichtetheit) ein spezieller Begriff gebräuchlich:

„Um den biologischen Fragestellungen (und Antworten) jeden metaphysischen Beigeschmack zu ersparen, prägte C.S. Pittendrigh 1956 das Neuwort „Teleonomie“. Es sollte gerade den wissenschaftlich vertretbaren Kern von Zweckmäßigkeitsbetrachtungen ausgrenzen. Teleonomie sollte sich zur

Teleologie etwa so verhalten wie die Astronomie zur Astrologie oder die Chemie zur Alchimie. Das war ein erlösender Vorschlag, und so wurde der Begriff von Biologen wie Simpson, Lorenz, Monod, Mayr, Osche oder Hassenstein bereitwillig übernommen." (S.169)

Was nicht zu diesem „wissenschaftlich vertretbaren Kern" gezählt wird, geht deutlich aus VOLLMERs Definition des Begriffs „Teleonomie" im „*Herder*" hervor:

„Am besten definiert man Teleonomie als „programmgesteuerte, arterhaltende Zweckmäßigkeit als Ergebnis eines evolutiven Prozesses (und ***nicht als Werk eines planenden, zwecksetzenden Wesens****)"* (S.169, Heraushebung vom Autor)

Salvador E. LURIA (1974) zeigt unmissverständlich, was Teleonomie in der Biologie bedeutet:

„Das gesamte System der chemischen Katalyse und ihrer Regelung wirkt so präzise, daß man beinahe an eine planvolle Einrichtung denken muß, und so ist denn auch ein besonderer Ausdruck geprägt worden, um die scheinbar planvolle Funktionsweise der biochemischen Mechanismen zu charakterisieren: Teleonomie. Doch wie überall in der Evolution ist die Zweckhaftigkeit nur scheinbar. Es ist die natürliche Auslese, die auch hier wirksam ist." (S.109-110)

Inhaltlich praktisch gleich schrieb Julian HUXLEY (1953):

„Auf den ersten Blick scheint die Biologie voller Zielgerichtetheit zu sein. Es entstehen Organismen nach zweckmäßigen Bauplänen, und sie funktionieren, als ob sie ein bestimmtes Ziel planmäßig verfolgten. Doch die Wahrheit liegt in den zwei Worten „als ob". Wie das Genie Darwin sagte, ist der Zweck nur ein scheinbarer." (S.7)

Der letztlich aus Zielgerichtetheit resultierende Anschein von Planung bei Organismen wird oft so gehandhabt, wie LURIA oder HUXLEY das tun. Richard DAWKINS (1996) schreibt:

„Biology is the study of complicated things that give the appearance of having been designed for a purpose. Physics is the study of simple things that do not tempt us to invoke design." (S.1)

DAWKINS' Erklärung für diesen Sachverhalt:

„Natural selection is the blind watchmaker, blind because it does ***not see ahead****, does* ***not plan consequences****, has* ***no purpose in view****. Yet the living results of natural selection* ***overwhelmingly impress us with the appearance of design as if by a master watchmaker****, impress us with the illusion of design and planning. The purpose of this book is to resolve this paradox to the satisfaction of the reader, and the purpose of this chapter is further to impress the reader with the power of the illusion of design. We shall look at a particular example and shall conclude that, when it comes to complexity and beauty of design, Paley hardly even began to state the case."* (S.21, Heraushebungen vom Autor)

Sehr pointiert hat DAWKINS (2005) diese Position einige Jahre später formuliert:

„The world is divided into things that look designed (like birds and airliners) and things that don't (rocks and mountains). Things that look designed are divided into those that really are designed (submarines and tin openers) and those that aren't (sharks and hedgehogs). The diagnostic of things that look (or are) designed is that their parts are assembled in ways that are statistically improbable in a functional direction. They do something well: for instance, fly.
Darwinian natural selection can produce an uncanny Illusion of design. An engineer would be hard put to decide whether a bird or a plane was the more aerodynamically elegant.

So powerful is the Illusion of design, it took humanity until the mid-19th century to realise that it is an Illusion." (S.33)

Steven VOGEL (2003) hat diesen Punkt in seinem Lehrbuch für Biomechanik ebenfalls aufgerollt, auch hier ist das Argumentationsmuster dasselbe:

„*If the process of evolution is incapable of anticipation, that is, if it's blindly purposeless, the term „design" misleads seriously - design ordinarily implies anticipation and purpose. The problem isn't just terminological.* ***Why do organisms appear to be well designed if they're not designed at all?*** *Perhaps we should to begin by reviewing the logical scheme for which „evolution by natural selection" is our facile encapsulation.*" (S.14, Heraushebung vom Autor)

Auch Michael RUSE (2003) hat für die Zweckmäßigkeit in der Biologie eine Erklärung, die ohne echte Zwecke auskommt:

„*Now that things have been spelled out, we see that there is nothing very mysterious about purpose in evolution. At the heart of modern evolutionary biology is the metaphor of design, and for this reason function-talk is appropriate. Organisms give the appearance of being designed, and thanks to Charles Darwin's discovery of natural selection we know why this is true. Natural selection produces artifact-like features, not by chance but because if they were not artifact-like they would not work and serve their possessors' needs.*" (S.274)

Francisco J. AYALA (2004) unterscheidet sich in seiner Auffassung zum Thema Zielgerichtetheit und Planung nicht wesentlich von seinen darwinistisch denkenden Kollegen:

„*The exquisite design of Leonardo da Vinci's Mona Lisa proclaims that it was created by a gifted artist following a preconceived plan. Similarly, the structures, organs, and behaviors of living beings are directly organized to serve certain functions. The functional design of organisms and their features would therefore seem to argue for the existence of a designer. It was Darwin's greatest accomplishment to show that the directive organization of living beings can be explained as the result of a natural process - natural selection - without any need to resort to a Creator or other external agent. The origin and adaptation of organisms in all of their profusion and wondrous variation were thus brought into the realm of science.*" (S.58)

AYALAs Position ist insofern interessant, als er den Begriff „Teleologie" nicht scheut bzw. durch „Teleonomie" ersetzt. Er unterscheidet jedoch in diesem Zusammenhang zwischen „interner" und „externer" Teleologie. Ein Messer, so argumentiert AYALA, sei ein Beispiel für externe/künstliche Teleologie, da es von einer externen Instanz in einem planvollen Prozess geschaffen sei. Das Auge hingegen sei ein Beispiel für interne oder natürliche Teleologie, da es von einem "natürlichen Prozess" erzeugt wurde. Inhaltlich ist es also praktisch gleich, ob man von Teleologie/Teleonomie oder „interner" bzw. „externer" Teleologie spricht.

AYALAs Argument gegen den Begriff „Teleonomie" ist jedoch durchaus nachvollziehbar. Christian GÖLDENBOOG (2003) interviewte den bekannten Populationsgenetiker und stellt fest:

„Im Gegensatz zu Mayr hält Ayala teleologische Erklärungen in der Biologie für nichts Anrüchiges. (...) Es sei witzlos, meint Ayala, einen Ausdruck, Teleologie, durch einen anderen, beispielsweise Teleonomie, zu ersetzen, wenn dabei nicht mehr Klarheit über die Sache selbst gewonnen werde." (S.187/188)

Obwohl man sagen muss, dass MAYRs Definition von Teleonomie komplizierter ist (vergl. MAYR 1991), ist es doch unbestreitbar, dass der Begriff „Teleonomie" allgemein einen evolutionären Ursprung zielgerichtet erscheinender Prozesse und Systeme in der Natur impliziert. Das ist zwar bei „interner Teleologie" genauso, aber die eigentliche Problematik (zielgerichtet erscheinende Dinge durch ungerichtete Prozesse zu erklären) dürfte durch AYALAs Definition weniger verschleiert werden. Auch andere Autoren, bei denen der Begriff „Teleonomie" keine wesentliche Rolle spielt, sehen doch die wesentlichen Punkte gleich. Georg TOEPFER (2005, S. 41/42) erläutert beispielsweise, dass mit DARWIN die Form Teleologie überwunden wurde, welche aus intentionalem, zweckgeleitetem Handeln resultiert:

„Als Beitrag zur Überwindung einer bestimmten Form der Teleologie kann die Evolutionstheorie verstanden werden, weil sie die zweckmäßige Einrichtung der Organismen nicht als willentliche Gestaltung eines Schöpfergottes interpretiert."

Da die Evolutionstheorie der Teleologie (angeblich) einen „natürlichen Mechanismus" als Erklärung verpasst, ist es für den (modernen) Biologen unproblematisch, damit zu arbeiten (was zu der Frage führt, ob Biowissenschaft nur unter einer nicht-intentionalen Interpretation der Teleologie funktioniert, siehe Kap. 10). Man könnte zwar fragen, ob es wirklich sinnvoll ist, etwas, das durch ziellose Prozesse entstanden ist, mit Begriffen wie „teleologisch", „zweckmäßig" usw. zu belegen - ein eigener Begriff wie Teleonomie würde hier jegliche Unklarheiten vermeiden. Aber in einem rein beschreibenden Sinne sind Organismen teleologisch strukturiert, und die Herausforderung ist es ja gerade, eben diese Beschaffenheit richtig zu interpretieren. Im Kontext der Ursprungsfrage, stehen hier grundsätzlich intentionales Handeln bzw. Planung und ungerichtete Mechanismen zur Auswahl. Was ist die Ursache für die teleologische Beschaffenheit der Lebewesen? Würde man die Zweckmäßigkeit in der Organismenwelt von vornherein mit Begriffen belegen, die implizieren, dass sie auf ziellose Prozesse (z.B. Variation & Selektion) zurückgeht, hätte man diese Frage nicht geklärt, sondern nur verschleiert. Selbiges gilt auch für Richard DAWKINS Begriff „designoid". Dieser Begriff bezeichnet Objekte, die so aussehen, als wären sie geschaffen worden („designed"), es jedoch in Wahrheit nicht sind.[4]

4 DAWKINS (2001, S.14) schreibt: *„Ich glaube, daß die Unterscheidung zwischen Zufall und Design klar ist - zumindest im Prinzip, wenn auch nicht immer in der Praxis. Im vorliegenden Kapitel möchte ich jedoch eine dritte Kategorie einführen, die nicht so leicht zuzuordnen ist. Ich werde sie gestaltoid* [= *designoid* im englischen Original, Anm.

Weit abseits des bisher zitierten neodarwinistischen Mainstreams liegt die Position des Darwinismus-Kritikers Ferdinand SCHMIDT, welche er in einem internationalen Symposium 1987 in Heidelberg darlegte. Dazu ist sie meiner Einschätzung nach auch besonders kreativ und interessant für die Teleologie-Diskussion. Hier einige Zitate, die SCHMIDTs Position umreißen:

„Ich habe keine Bedenken, Teleologie und Teleonomie gleichzusetzen, weil die Theorie der kybernetischen Evolution eine Möglichkeit erschlossen hat, Zweckmäßigkeit und Zielgerichtetheit naturwissenschaftlich zu interpretieren, ohne Zuflucht zu vitalistischen Prinzipien nehmen zu müssen. Der Begriff „Teleonomie" ist in meinen Augen nur ein Trick, um von Zielgerichtetheit sprechen zu können - allerdings nur im beschreibenden Sinne - ohne sie anzuerkennen. Das grenzt an Sophistik oder ist sogar Sophistik." (S.60)

Sie „anzuerkennen" würde in diesem Zusammenhang wohl bedeuten, dass man hinter der Zielgerichtetheit eine zielgebende Instanz postuliert.

„Läßt man die Prinzipien logischen Denkens nicht völlig außer acht, ergibt sich klar: Die schier unfassbare Zweckmäßigkeit und Zielstrebigkeit biologischer Vorgänge kann nur mit Hilfe kybernetischer Steuerungsvorgänge, d.h. mit Hilfe planmäßig angelegter, sich mit zunehmender Höherentwicklung selbst vervollkommnender Programme erklärt werden." (S.51)

„Jeder Organismus ist finalistisch. Mit Vitalismus hat das jedoch nicht das geringste zu tun. Diese Gerichtetheit ist vielmehr die logische Konsequenz der Gültigkeit kybernetischer Gesetzmäßigkeiten im Bereich des Lebendigen." (S.61)

---

d. Verf.] *nennen. Gestaltoide Gegenstände sind Lebewesen und deren Produkte. Sie sehen so verblüffend gestaltet aus, daß einige - vermutlich die meisten - Menschen glauben, sie wären es auch. Sie täuschen sich. Recht haben sie allerdings mit ihrer Überzeugung, daß gestaltoide Gegenstände keine Zufallsprodukte sein können. Gestaltoide Gegenstände entstehen nicht versehentlich. Sie wurden im Zuge eines großartigen, nicht zufälligen Prozesses geformt, der die fast vollkommene Illusion von Gestaltung schafft."*

Interessant ist, wie einer der Symposiumsteilnehmer SCHMIDTs Ansatz einstufte:

„Herr Schmidt, die Frage nach dem Wozu einer Struktur oder Funktion ist in der Biologie legitim. Diese Wozu-Frage nennt man begrifflich unterscheidend Teleologie und Teleonomie. Herkömmlich wird diese Wozu-Frage durch einen zwecksetzenden Geist erklärt. Das neue Paradigma ist, daß hocheffiziente, zweckmäßige Strukturen auch kausal-mechanistisch erklärt werden können. Dahinter mag vielleicht noch eine weitere Ebene liegen, die der Wissenschaft nicht zugänglich ist. Mir scheint, Sie haben den Begriff des lieben Gottes durch den Begriff Kybernetik ersetzt." (S.59)

SCHMIDT möchte in seinem Ansatz jedoch genau das vermeiden und erwidert u.a.:

„Ich könnte mit wesentlich größerer Berechtigung behaupten, der Neodarwinismus hätte den lieben Gott durch den Begriff Zufall ersetzt, der ebenso allmächtig, allwissend und allgegenwärtig ist. Er kann alles, denn er machte unzählige der erstaunlichsten Erfindungen. Er ist überall in Aktion und doch unsichtbar. Auch er ist unsterblich und war schon immer da." (S.60)

Die Ausführungen von Ferdinand SCHMIDT sind insofern bemerkenswert, als sie schwerwiegende Kritik gegen die Evolutionstheorien des Neodarwinismus bringen. SCHMIDT meint, dass die herkömmlichen neodarwinistischen Mechanismen die Zielgerichtetheit der Organismenwelt nicht erklären können und bemerkt – quasi als Argument für seine eigene Auffassung von Evolution – dazu:

„Diese Gesetze müssen schon allein deshalb kybernetischer Natur sein, weil andere gar nicht vorstellbar sind, wenn man nicht zu einem mystischen Vitalismus oder zum Schöpfungsgedanken zurückkehren will." (S.53)

Andere Positionen als undenkbar zu deklarieren, ist kein echtes Argument für die eigene Position. Mir wurde überdies nicht völlig klar, was SCHMIDT mit „Kybernetischer Evolution" meint und konkrete Beispiele, an denen die von SCHMIDT aufgestellten Konzepte in der biologischen Realität nachvollzogen werden können, fehlen. Im Prinzip scheint der Ansatz jedoch darauf hinauszulaufen, dass der Organismus auf Information von außen hin planmäßig neue Gene synthetisiert und somit seine weitere Entwicklung bis zu einem gewissen Grad plant. Die „kybernetischen Gesetzmäßigkeiten" würden somit eine Art „Künstlicher Intelligenz" (*„selbst vervollkommnende Programme"*) darstellen. Woher die kommt, beantwortet SCHMIDT so:

„In Ermangelung einer besseren Erklärung dürften deshalb die ersten primitiven Regelkreise in der Tat durch Zufall und Selektion entstanden sein." (S.58)

Wir wissen heute (s. Kap.3), dass Leben schon auf dem Niveau „einfachster" Zellen ungeheuer komplex organisiert ist – und *ausgerechnet hier* sollten dann keine zwecksetzenden „Programme" nötig sein? Was jedenfalls die Theorie betrifft, wäre SCHMIDTs Ansatz perfekt: Echte Zielgerichtetheit die durch zielsetzende Programme realisiert wird, die ihrerseits einen naturalistischen Ursprung haben und somit nicht in Richtung eines „mystischen Vitalismus" oder des „Schöpfungsgedankens" führen.

5. Biologie teleologisch verstehen

Bisher ging es darum, dass Organismen etwas an sich haben, was uns bestens aus dem Bereich der Technik bekannt ist: Zielgerichtetheit. Wie sich gezeigt hat, wird diese allgemein als Aspekt des Lebens anerkannt. Im Gegensatz zur menschlichen Technik sei diese Zielgerichtetheit jedoch nur scheinbar, nicht durch eine planende Instanz, sondern durch Mechanismen entstanden.

Aus verschieden Zitaten oben ging auch schon hervor, dass das Thema „Teleologie in der Biologie" nicht nur philosophisch interessant ist. Die Zielgerichtetheit der Organismen - Illusion oder nicht - hat unmittelbar mit der Frage zu tun, wie man Organismen erforscht.

Wer hat schon einmal ernsthaft nach dem Zweck der Anordnung der Wassermoleküle in einem Schneekristall gefragt?

Im besten Fall ist diese Frage ohne Sinn oder dient als auflockerndes humoristisches Element in (populär-)wissenschaftlichen Ausführungen. Im schlechtesten Fall ist sie irreführend und wirkt hemmend, was das Verständnis eines Sachverhaltes angeht. Die Anordnung der Moleküle in einem Schneekristall ist offensichtlich nicht auf irgendeinen Zweck hin gerichtet, sondern bloßer Effekt von Gesetzmäßigkeiten. Der Punkt ist, dass sich niemand in der Physik oder Chemie dazu bewogen fühlt, die Frage nach dem Zweck - wozu? - zu stellen. Die übliche Frage dort lautet ganz einfach „wie?".

Sicher: Man kann beliebig eine Art „übergeordnete Zielgerichtetheit" postulieren, etwas als zielgerichtet zu interpretieren ist grundsätzlich immer möglich. Man kann z.B. im Fall des Schneekristalls argumentieren, dass wir in einem Universum leben, dessen Gesetze so gerichtet sind, dass sich auch Schneekristalle ergeben können bzw. dass die Gesetze selbst auf teleologische Prozesse zurückzuführen sind. Wenn irgendetwas geschieht das zum persönlichen Nutzen oder auch Nachteil gereicht, kann man ebenfalls „Ziele" dahinter vermuten. Ein besonders populärer Fall dieser Art ist die Frage, ob unser Universum auf Leben hin ausgerichtet ist. Angesichts der Tatsache, dass ein auch nur halbwegs lebensfreundliches Universum von zahlreichen Faktoren und deren genauen Wechselwirkung abhängt, ergibt sich die Frage, ob es nicht auf Leben hin ausgerichtet ist. Ist die Beherbergung von Leben der Zweck des Universums oder nur ein Nebeneffekt? Ist das Universum auf das Leben hin organisiert, oder existiert Leben ganz banal deshalb, weil der Kosmos so ist wie er ist und nicht anders?[5]

Die Art Teleologie auf die man in der Biologie trifft, liegt jenseits einer solch nebulösen "Epi-Teleologie". Wäre dem nicht so, so würde sich obige Diskussion darüber erübrigen, d.h. man hätte sich erst gar nicht die Mühe machen müssen, das Konzept der Teleonomie zu entwickeln oder zwischen „interner" und „externer" Telelogie zu unterscheiden; in der Biologie würde kein hartnäckiger Anschein von Planung bestehen, und DARWIN hätte keine Erklärung dafür liefern müssen. In der Biologie hat man nicht die Wahl, etwas nach persönlichem Geschmack als zielgerichtet zu interpretieren oder nicht – ein teleologischer Blickwinkel ist in vielen Fällen die einzig elegante und vernünftige Betrachtungsmöglichkeit. In der Biologie wird Teleologie damit zum erklärungsbedürftigen Sachverhalt, bezogen auf den Kosmos stellt sich hingegen die Frage, ob man es *überhaupt* mit Teleologie zu tun hat.

Robert AUGROS und George STANCIU (1991) schreiben im Hinblick auf Zwecke in der Biologie:

---

5 Vielfach wird die Ansicht vertreten, dass man sich über die Feinabstimmung der vielen Faktoren, welche nötig sind, um ein lebensfreundliches Universum zu erhalten, kein Kopfzerbrechen machen muss: Denn wäre es anders, gäbe es ja keine Beobachter, die dies feststellen können (wirklich diskutabel wird diese Position jedoch nur mit dem umstrittenen Konzept eines Multiversums – siehe BRUMFIEL 2006 für einen Überblick). Andere vertreten eine teleologische Interpretation dieses Sachverhaltes. Letztlich sind beide Interpretationen möglich. Auch wenn sich eine teleologische Ausrichtung des Universums nicht zwingend nahe legen lässt, so kann man sich immer noch wundern. Schließlich hätte es Unmengen an Möglichkeiten gegeben, die ein lebensfreundliches Universum *verhindern,* und wir sind trotzdem hier. Zufall oder Plan ?

„Wäre der Zweck eine Projektion des menschlichen Geistes, so würden wir ihn in jeder Wissenschaft finden. Doch das ist nicht der Fall. Niemand fühlt sich dazu gedrängt, die Sprache des Zwecks in der Mathematik zu verwenden. Die Mathematiker haben nicht die Aufgabe zu entdecken, wozu Primzahlen gut sind oder welchen Zweck die Seiten eines Dreiecks haben. Die Mathematik leidet nicht unter einer alles durchdringenden Teleologie. Dasselbe gilt für die Physik und die Chemie. Die Unausweichlichkeit des Zwecks in der Biologie muß also an den Untersuchungsgegenständen selbst liegen und nicht am menschlichen Beobachter. Zum Leben gehören Zweckhaftigkeit und echte Ziele. In der Biologie verstehen wir eine Struktur nicht, wenn wir nicht wissen, wozu sie dient." (S.252)

Teleologie kann man genauso gut oder schlecht als „Projektion" abtun, wie andere Sachverhalte in der Biologie - oder ist beispielsweise die Ordnung, die der Systematiker in der Organismenwelt „entdeckt" auch nur eine Projektion seines Geistes - ohne jeden Bezug zur Wirklichkeit? Die Möglichkeit besteht *prinzipiell* zwar (wenn man in dieser Schiene weiter denkt, müsste man letztlich an allem zweifeln, außer vielleicht daran, dass man selbst existiert), aber weshalb sollte man davon ausgehen? Wer meint, etwas sei nur eine Projektion, ist begründungspflichtig. Zudem haben AUGROS und STANCIU ein Argument gegen die Projektions-These gemacht: Wir Menschen müssen nicht alles teleologisch interpretieren und tun es auch nicht (wie etwa üblicherweise in Mathematik, Physik, Chemie), wenn wir dann aber auf einem anderen Gebiet (Biologie) förmlich dazu gezwungen werden, ist das ein sehr guter Hinweis darauf, dass auf diesem Gebiet etwas anders *ist*; d.h. konkret, es ist ein vernünftiger Schluss, dass der „Zwang zur Teleologie" durch Zwecke im Untersuchungsbereich erzeugt wird. Wenn Evolutionstheoretiker diese Zweckmäßigkeit doch als Illusion beurteilen, tun sie das übrigens nicht, weil sie sie *a priori* als bloße Projektion einstufen, sondern weil sie glauben, mit der Evolutionstheorie eine sehr spezielle Erklärung für den Sachverhalt der Zweckmäßigkeit in der Biologie gefunden zu haben: Dass Teleologie und damit der Anschein von Planung als Täuschung entlarvt wird, verdankt man also "DARWINs Mechanismen" und nicht der Aufdeckung eines grundsätzlichen

Denkfehlers, der der Betrachtungsweise von Organismen als zielgerichtet innewohnt. AYALA (2004) kontrastiert die Biologie entsprechend wenig überraschend ebenfalls deutlich zu den Wissenschaften, die sich mit der so genannten "unbelebten Welt" befassen:

„The third proposition is that teleological explanations are necessary in order to give a ***full account of the attributes of living organisms****, whereas they are neither necessary nor appropriate in the explanation of natural inanimate phenomena.*" (S.56, Heraushebung vom Autor)

Abseits aller theoretischen Erörterungen ist der Gedanke in praktischer Hinsicht sehr einfach nachzuvollziehen, man muss dazu nicht auf die molekulare Ebene gehen, nicht einmal ein einfaches Mikroskop ist dazu nötig. Es reicht, sich z.B. das menschliche Herz anzusehen. Das Herz ist ein muskuläres Hohlorgan und liegt in einem Bindegewebsraum (Mediastinum) zwischen Wirbelsäule und Brustbein. Es ist in etwa 1,5 mal so groß wie die Faust seines Trägers, kann aber, bedingt durch Training oder pathologische Umstände, beträchtlich größer werden. Das Gewicht beträgt etwa 0,5% des Körpergewichtes und liegt im Schnitt zwischen 300 und 350 Gramm. In diesem Sinne könnte man nun das Herz im Detail beschreiben, von seiner Lage im Organismus bis hinein in die zelluläre Ebene. Verstehen würde man es dadurch nicht - erst die kleine Frage „Wozu?" eröffnet völlig neue Dimensionen. Selbst die präziseste Beschreibung des Herzens wäre nutzlos, wenn man seine Aufgabe nicht kennt. In Wirklichkeit fließen die Zwecke auch schon in die Beschreibung des Herzens mit ein - etwa wenn von Klappen gesprochen wird. Im besten Fall kennt man den groben Zweck eines Organs schon, bevor man es genauer erforscht. Ausgehend von dem Wissen, dass es als Pumpe fungiert, lässt sich sowohl seine Einbindung in den Kontext des Gesamtorganismus verstehen als auch sein Aufbau - die Position und Art seiner Gewebe sowie die Bewegungsabläufe und Steuerung -, sofern man immer weiter nach Zwecken fragt und sucht. Im Prinzip ist das alles kein Thema, die Nützlichkeit der Frage nach Zwecken in der Biologie ist weithin akzeptiert. Ernst MAYR (1991) schreibt in der Zusammenfassung seiner Analyse der Begriffe "teleologisch" und "teleonomisch":

Methodological designism ist ein Gedanke von Delvin Lee RATZSCH (2001) , der damit ausdrücklich Design als Instrument für die Forschung diskutiert:

„Design concepts might function instrumentally - being involved in "artificial" procedures employed solely for generating predictions, and not considered even as candidates for real existence. If things in nature can appear designed, if nature can produce things that are as if designed, if results of natural selection function as if designed, then doing science as if nature were designed - methodological designism - might be a productive, rational strategy. Since things employed in science merely for their instrumental usefulness have no scientific status whatever, there are no formal prohibitions on what can go into theories interpreted instrumentally. The only "risk" from design used instrumentally would be a tendency of some people to think that there might be something to design were it to actually work instrumentally." (S.127)

Tatsächlich wird bereits so gearbeitet, in dem Sinn, als die teleologische Denkweise und der Standpunkt eines Ingenieurs eine wesentliche Rolle bei der Erforschung von Organismen spielen. Es erhebt sich die Frage, wie sich das noch ausbauen lässt.

„Der heuristische Wert der teleologischen Fragestellung macht diese zu einem wertvollen Instrument in der biologischen Analyse, von der Untersuchung der strukturellen Zusammensetzung der Makromoleküle bis hin zum Studium kooperativer Verhaltensweisen in gesellschaftlichen Systemen." (S.80)

Michael RUSE (2003) schreibt zum Status teleologischen Denkens in der Biologie:

„We humans make objects for certain desired consequences, and (as in biology) we understand the parts of these artifacts in terms of their functions for the ends we desire. Both history and present Darwinian evolutionary practice have shown us that this kind of design-type thinking is involved in the adaptionist paradigm. We treat organisms - the parts at least - as if they were manufactured, as if they were designed, and then we try to work out their functions. End-directed thinking - teleological thinking - is appropriate in biology because, and only because, organisms seem as if they were manufactured, as if they had been created by an intelligence and put to work." (S.268)

Erinnern wir uns in diesem Zusammenhang auch an WILKINs Aussagen, bezogen auf die Erforschung „molekularer Maschinen". Die biologische Forschung profitiert somit von teleologischen Fragestellungen und vom daran geknüpften *„design-type thinking"*.

Zwischenfrage: Welche Rolle spielt „evolutionäres Denken" in der biologischen Forschung - *außerhalb* der Ursprungsforschung?[6] Hier ergibt sich ein starker Kontrast zur teleologischen Herangehensweise, die ja in diesem Bereich aktiver Bestandteil ist, oder wie der bereits eingangs zitierte Francis CRICK (1988) schreibt:

„Biologists must constantly keep in mind that what they see is not designed, but rather evolved. It might be thought, therefore, that evolutionary arguments would play a large part in guiding biological research, but this is far from the case. It is difficult enough to study what is happening now. To try to figure out exactly what is happened in evolution is even more difficult. Thus evolutionary arguments can usefully be used as hints to suggest possible lines of research, but it is highly dangerous to trust them to much. It is all too easy to make mistaken inferences unless the process involved is already very well understood." (S.36)

WILKINS (2000) beschreibt viele Jahre später den Status der Evolutionstheorie in der biologischen Forschung ganz ähnlich:

---

6 Gelegentlich wird in der Öffentlichkeit angeführt, die Evolutionstheorie (gemeint ist meist die darwinistische Version) würde eine sehr wichtige Rolle in der Forschung spielen (z.B. bei Resistenzen von Bakterien) - dies geht sogar so weit, dass manchmal behauptet wird, der Menschheit wären ohne Evolutionstheorie segensreiche Errungenschaften (z.B. Medikamente) verwehrt geblieben. Aber solche Behauptungen stimmen in dieser Form nicht (siehe SKELL 2005); wie in Kapitel 8 in Zusammenhang mit „Design-Fehlern" gezeigt wird, gibt es sogar Anhaltspunkte dafür, dass evolutionäres Denken die biologische Forschung gelegentlich behindert. Es sei zudem bemerkt, dass die Paradebeispiele für den praktischen Nutzen des Evolutionskonzepts (Resistenzen & Evolutionsstrategie in der Technik/BIONIK) keine Akzeptanz einer umfassenden Evolution erfordern; d.h. konkreter, sie setzen lediglich eine Akzeptanz von mikroevolutiven Prozessen voraus, aber nicht deren Extrapolation in den Bereich der Makroevolution (zu diesem Thema siehe Kap. 7).

„The subject of evolution occupies a special, and paradoxical, place within biology as a whole. While the great majority of biologists would probably agree with Theodosius Dobzhansky's dictum that 'nothing in biology makes sense except in the light of evolution', most can conduct their work quite happily without particular reference to evolutionary ideas. 'Evolution' would appear to be the indispensible unifying idea and, at the same time, a highly superfluous one." (S.1051)

WILKINS führt zwar sinngemäß weiter aus, dass er Anzeichen für eine Änderung dieses Zustandes sieht, aber das ändert nichts an der Tatsache, dass in der Praxis der biologischen Forschung eine teleologische Betrachtungsweise nützliche Einsichten generiert (obwohl sie letztlich auf einer Illusion gegründet sein soll...) während eine explizit evolutionäre Perspektive um eine Erweiterung ihres Einflusses in diesem Bereich kämpfen muss.

Es wäre natürlich *falsch,* anzunehmen, die Frage nach dem Zweck würde bezogen auf biologische Erscheinungen in jedem Fall Sinn machen. Auch hier kann man das ins Spiel bringen, was ich oben „Epi-Teleologie" genannt habe. Man könnte z.B. meinen, dass der Schnabel eines Finken für das Picken bestimmter Körner „gerichtet" sei. Umgekehrt könnte man aber auch fragen, ob der Fink nicht deshalb eine bestimmte Sorte Körner frisst, weil sein Schnabel dafür zufällig gut geeignet ist. Ein vielleicht dahinter stehendes „Ziel" kann nicht zweifelsfrei erkannt werden, und der heuristische Wert der Frage ist in diesem Fall zweifelhaft.

Aber schon wenn man ein wenig unter die Oberfläche geht - tiefer in den Organismus eintaucht -, wird man bemerken, dass es ohne „Zwecke" nicht abläuft - etwa bei der genauen Betrachtung des Schnabelaufbaus und seines ontogenetischen Werdens. Natürlich kann es ein Zufall sein, dass der Schnabel des Finkens präzise für eine bestimmte Futtersorte passt - schön für ihn, er wird seine Erbmerkmale vielleicht besonders häufig weitergeben. Es könnte aber theoretisch auch möglich sein, dass ein Programm/Mechanismus im Hintergrund aktiv ist, welches eine gezielte Anpassung des Finkenschnabels vornimmt. Dass

„***THINK DESIGN***" – so könnte man das heuristisch wertvolle Motto vieler Forschungsarbeiten nennen. Ein aktuelles Beispiel ist etwa die Arbeit „*Surviving heat shock*" (EL-SAMAD *et al.* 2005 vergl. TOMLIN & AXELROD 2005 für einen Kommentar). Die Autoren verwenden ausdrücklich die Sichtweise eines Ingenieurs und vergleichen die Natur und Konstruktionsprinzipien aus der Technik miteinander, wenn sie die Reaktionen von Zellen auf Hitzeschock bzw. die damit verbundenen Regelungssysteme betrachten:

„*A systems approach is a promising venue for studying biological complexity. The hallmark of this approach is an analysis of the dynamics of the biological network and the protocols used for their interactions. Experiences from fields like engineering, where model-based analysis and design have been the central paradigm, provide a glimpse of what is achievable ... . Biology and engineering share many similarities at the system level ..., including the use of complexity to achieve robustness and performance rather than for minimal functionality.*" (S.2736)

„*We build a model for the E. coli hsr system, analyze its layers of regulation, and argue that its complexity is a necessary outcome of design requirements such as robustness, speed of response, noise rejection, and efficiency. This model provides useful insight into the heat shock system design architecture. (...) This decomposition is drawn by analogy to manmade control systems and is found to constitute a canonical blueprint representation for the heat shock network. This analysis further complements and validates conclusions obtained on simpler and sometimes "designer"-built networks.*" (S.2736)

Hier ein Auszug aus dem Kommentar von TOMLIN & AXELROD:

„*In a recent issue of PNAS, El-Samad et al. showed that the mechanism used in Escherichia coli to combat heat shock is just what a well trained control engineer would design, given the signals and the functions available.*" (S.4219)

Erst unlängst wurden übrigens Biologen davor gewarnt, eine solche teleologische Sprache zu verwenden. RAFF (2005) schreibt:

„*For instance, be careful about using teleological words to describe biological entities in our teaching and writing. Calling cells "machines that do X," or describing biological structures as "well designed to do Y' will be duly cited in ID propaganda as one more biologist-supporting design.*" (S.274)

Evolutionstheoretiker werden permanent von der Tatsache eingeholt, dass Organismen so aussehen, als wären sie designed. Es ist nicht einfach so, dass Biologen teleologische Ausdrücke verwenden, als ob sie die Wahl hätten: Denn vor der teleologischen Ausdrucksweise kommt die teleologische Denkweise, und diese ist in der Biologie sehr erfolgreich, wie etwa die oben zitierten Arbeiten demonstrieren. Das sprachlich zu kaschieren, indem man Begriffe wie „Maschinen", „Design" und verschiedene Ausdrucksweisen vermeidet, wird so viel helfen, wie sich auf die Bekämpfung von Symptomen bei schweren Krankheiten zu beschränken, anstatt den Hebel bei den Ursachen anzusetzen. Evolutionstheoretiker wie RAFF sollten nicht den Eindruck erwecken, als würden ID-Theoretiker im Zug einer Vereinnahmungsstrategie auf die teleologische Durchdringung der Biologie hinweisen. Vielmehr passt dieser Sachverhalt logisch zu deren Ansatz und motiviert ihn. Es liegt an Evolutionstheoretikern, schlüssig zu zeigen, warum die Teleologie in der Organismenwelt (daraus resultierend die teleologisch durchdrungene Bioforschung mit ihren entsprechend geprägten Begriffen) nur eine Illusion ist und somit ID-Theoretiker diese nicht mehr als Begründung bzw. Motivation für die Frage nach Design verwenden können.

der Phänotyp eines Organismus in Abhängigkeit von den jeweiligen Umweltbedingungen während seines ontogenetischen Werdens unterschiedlich ausgeprägt werden kann, ist bekannt (man denke z.B. an die Standortanpassungen bei Pflanzen). Das Auftauchen von Variationen ist in vielen Fällen kein Zufall, sondern Resultat von Mechanismen. Das wird etwa im Fall der Resistenzentwicklung bei Bakterien zunehmend bekannt. Bakterien können unter Stressbedingungen die Mutationsrate künstlich erhöhen, wobei Mutationen in den Bereichen konzentriert werden, die hilfreiche Veränderungen erwarten lassen (z.B., WRIGHT 2000, 2004, CIRZ *et al.* 2005). Während also die Frage nach dem Zweck auf den ersten Blick bei einigen Sachverhalten in der Biologie austauschbar oder sogar irreführend wirkt, kann es sogar dann sein, dass sie zu neuen Einsichten führt. Nicht alles, was in der Biologie zufällig bzw. ungerichtet erscheint, ist es tatsächlich.

6. Zwischenstand

Es ist nun Zeit, einige Schlüsse aus den hier angeführten Meinungen und Argumenten zum Thema „Zielgerichtetheit in der Biologie" zu ziehen. Auf der einen Seite ist deutlich zu erkennen, wie berücksichtigt wird, dass die Biologie im Gegensatz zu anderen Gebieten wie der Physik oder Chemie etwas ganz besonderes hat[7] - Zwecke, Teleologie, was sich auch unmittelbar in der Durchführung biologischer Forschung niederschlägt: Man forscht, als hätte man es mit Designs zu tun, was etwa RUSE deutlich ausgedrückt hat. Wie kurz gestreift wurde, haben die verschiedenen Autoren teilweise eigene Begriffsunterteilungen eingeführt oder lehnen Begriffe ganz ab - AYALA z.B. spricht nicht von Teleonomie. Das sind jedoch nur Details, denn letztlich läuft alles auf einen Punkt zu: Die Zielgerichtetheit in der Biologie ist nicht „echt", sie ist „als ob". Man muss sie nicht (direkt) leugnen, man kann sie als Heuristik benutzen, man darf prinzipiell teleologisch sprechen und denken - aber *nur* weil man glaubt, dafür eine naturalistische Erklärung zu haben! Darwin, so wird gesagt, hätte einen *Mechanismus* gefunden. Das bedeutet, man bekommt die Teleologie „gratis"; ohne einen Designer, ohne einen zielsetzenden Verstand - somit ironischerweise ohne Ziel. Diese „geläuterte" Zielgerichtetheit nennt man anschließend „interne Teleologie" (AYALA) oder „Teleonomie" (PITTENDRIGH), oder wie immer man möchte: Wesentlich ist nur, dass ein Mechanismus (darwinistisch oder nicht) dahinter steckt, der Zielgerichtetheit produziert, oder

7 Michael RUSE (1998) meint sogar es sei das wesentliche Merkmal eines Darwinisten anzuerkennen, dass die organische Welt aussieht als wäre sie designed: *„Darwin never relinquished this belief that the organic world seems as if designed. It stayed with him until his dying day. And indeed, such a belief is even to this day the chief mark of being a Darwinian. It was here that the mechanism of natural selection took on special importance, for it was intended not merely to explain evolution but evolution of a particular kind. Its function was to explain how the design-like nature of the organic world could come into being without need of a direct miraculous intervention of a creator. As the breeders' selection produces features advantageous to us – fatter and heavier beasts, thicker coats, more nutritious crops – so natural selection produces features advantageous to their possessors – keener eyesight, stronger jaws, more pest-resistant skins. All of these design-like attributes, or (as they are commonly known) 'adaptations', came about through natural normal laws: working as they do in the form of natural selection. There is no need to suppose miraculous intervention by a creative intelligence."* (S.19)

besser gesagt: Der ohne ein Ziel zu haben, Dinge produziert, die so aussehen als wären sie mit einem Ziel vor Augen geschaffen worden.

Der Schluss auf *echte* Teleologie wäre in jedem Fall eleganter. Schließlich müssen ja auch diejenigen einen Grund angeben, die den teleologischen Anschein in der Biologie als „scheinbar" einstufen - was auch so gehandhabt wird, wie die oben zitierten Aussagen klar zeigen. Echte Teleologie - Zielgerichtetheit - deutet klarerweise logisch auf eine zielsetzende Instanz hin, eine Instanz die in der Lage ist zu planen - mithin auf das, was man als „Intelligenz" bezeichnet. Womit die Kurzform wäre: Organismen sehen so aus, als wären sie geplant worden, die Teleologie in der Organismenwelt ist offensichtlich; der naheliegende Schluss in Bezug auf ihre Historie ist somit:

POINTIERT hat der Evolutionskritiker und ID-Vertreter Michael J. BEHE (2005) den in diesen Absätzen dargelegten Punkt in der „*New York Times*" ausgedrückt:

„The strong appearance of design allows a disarmingly simple argument: if it looks, walks and quacks like a duck, then, absent compelling evidence to the contrary, we have warrant to conclude it's a duck. Design should not be overlooked simply because it's so obvious." (S.21)

1) Intelligenz bzw. eine zu Planung fähige Instanz war in irgendeiner Weise an ihrer Entstehung beteiligt.

2) Sie sind (in Anlehnung an DAWKINS) Resultat eines Prozesses der *„does **not see ahead**, does **not plan consequences**, has **no purpose in view**"*

Option 1) ist klar die logisch naheliegende Möglichkeit. Was natürlich nicht bedeutet, dass die verwegen erscheinende zweite Option deshalb falsch wäre.

Mir geht es hier nur um die Frage der *Bringschuld*. Sobald man nämlich im Bereich der Biologie - genauer gesagt in der biologischen Ursprungsfrage - darüber spekuliert, dass der allgemein akzeptierte Anschein von Planung tatsächlich auch auf Planung zurückgehen könnte, steht man in der argumentativen Defensive. Man wird dann aufgefordert, *positive Evidenz* für diese Position vorzubringen. Wer im ersten Augenblick noch meint, dies sei etwa mit

Perspektivenwechsel bewirkt manchmal erstaunliche Dinge, etwa wenn RAFF (2001) einem ID-Vertreter folgendes Argumentationsmuster unterstellt: *„If it's unexplained, it must be unexplainable by evolutionary biology. If it's unexplainable by evolutionary biology, it must require an intelligent designer.“* (S.373) Demzufolge würde der Schluss auf einen Designer darauf basieren, dass gewisse Sachverhalte evolutionstheoretisch unerklärt bleiben, seine Kraft also aus den Problemen einer evolutionstheoretischen Position beziehen. So wirkt dieser Schluss jedenfalls auf Forscher, die ihn aus ihrer evolutionstheoretischen Perspektive heraus beobachten. Aber muss man diese Perspektive teilen? Eine andere Möglichkeit ist es, zu argumentieren, dass die Teleologie in der Biologie auf einen teleologischen (und damit intelligenten) Ursprung hinweist und der Gedanke, die Teleologie in der Biologie ginge auf nicht-teleologische Abläufe zurück, die "Bringschuld" hat. D.h. es wird *nicht* deshalb auf Design geschlossen, weil *keine* plausiblen evolutionstheoretischen Erklärungen vorliegen, sondern weil Aspekte in der Beschaffenheit von Organismen *positive Hinweise* auf einen intelligenten Ursprung zu liefern scheinen. Unter diesem Gesichtspunkt sind evolutionäre Erklärungen lediglich Konkurrenz, welche potentiell falsifizierend für den eigenen Ansatz wirken kann, aber nicht das Substrat, aus dessen Schwächen der eigene Ansatz erwächst. Was übrigens genau "positiven Hinweise" sind und wie man sie möglichst sicher feststellen kann, muss im Rahmen der ID-Theorie bearbeitet werden (siehe Kap.9).

dem Verweis auf die zahllosen hochgradig komplex organisierten und teleologisch wirkenden Systeme in Organismen leicht, wird eine herbe Überraschung erleben: Nichts von dem, was er an Argumenten für ID vorbringen kann, würde in den Augen von Vertretern der zweiten Position mehr sein als ein (vorläufiges) Erklärungsproblem ihres Ansatzes. Im Gegenteil wird man umgehend mit dem Vorwurf konfrontiert werden, in den Lücken der naturalistischen Ursprungserklärungen Planung zu postulieren – einen Lückenbüßer.[8] Dass spätestens darauf hin Mutmaßungen in Richtung einer weltanschaulichen Prägung folgen, die einem zu diesen Gedanken bewegt, ist nur eine logische Konsequenz. Und wenn man dann noch der Wahrheit entsprechend angibt, dass die meisten (nicht alle), welche in Richtung „Planung in der Biologie“ denken, wenigstens teilweise religiös motiviert sind, ist das Dilemma für die eigene Position perfekt: Man ist völlig in der Defensive und hat die Aufgabe, die Art von Belegen zu liefern, die die Gegenseite fordert – bevor man von ihr überhaupt ernst genommen wird. Diese Situation dürfte näherungsweise so aussichtsreich sein, wie die Hoffnung,

8 Wobei bei solchen Argumentationsversuchen (egal auf welches Gebiet sie sich beziehen) stets nachgefragt werden sollte: Existieren – wie suggeriert wird – tatsächlich wesentliche Teile einer Erklärung und darin einige Lücken? (Was tolerierbar wäre!) Oder existiert primär die Überzeugung, dass es eine Erklärung (bzw. eine spezielle Art von Erklärung) geben *muss* und ansonsten nur einige Fragmente oder grobe Entwürfe einer Erklärung? (Was für Außenstehende nicht überzeugend wäre!)

eine positive Bewertung für sein Produkt von der unmittelbaren Konkurrenz zu bekommen.

Diese Situation kann nicht entstehen, wenn die *Ausgangssituation* berücksichtigt wird: Organismen sehen so aus, als wären sie designed - was ist ihr Ursprung? Es gibt keine *grundlegende* Ursache, warum sich derjenige verteidigen müsste, der vom Anschein von Planung auf Planung (und damit einen Planer) schließt. Die Praxis sieht nur deshalb anders aus, weil diejenigen die diesem nahe liegenden Schluss folgen, gegenwärtig in der Minderzahl sind.

Das wiederum liegt in einem schwer abzuschätzenden Umfang sicher an Argumenten, die gegen Position 1) vorgebracht werden (dazu in den nächsten Kapiteln).

Sich diesen zu widmen macht jedoch nur Sinn, wenn man zeigt, dass die ID-Position *aufgrund der Sachverhalte in der Biologie* grundsätzlich diskutabel und naheliegend ist. Dass dem so ist, zeigt sich schon an den Argumenten gegen Planung: Wie aus den obigen umfangreichen Zitaten hervorgeht, ist DARWINs Theorie auch deshalb so durchschlagend gewesen, weil damit eine alternative Interpretation, bezogen auf den *nicht weg zu argumentierenden Anschein von Planung* in der Organismenwelt[9], möglich wurde. Ab DARWIN wurde dafür kein Designer mehr als Erklärung benötigt - Mechanismen galten als ausreichende Erklärung dafür. Erinnern wir uns an AYALAs Aussage:

„The functional design of organisms and their features would therefore ***seem to argue for the existence of a designer****. It was Darwin's* ***greatest accomplishment*** *to show that the directive organization of living beings can be explained as the result of a natural process - natural selection -* ***without any need to resort to a Creator*** *or other external agent."* (S.58, Heraushebungen vom Autor)

9 DAWKINS (1996) hat das etwas drastischer formuliert als ich: *„The complexity of living organisms is matched by the elegant efficiency of their apparent design. If anyone doesn't agree that this amount of complex design cries out for an explanation, I give up."* (S.xiii)

Wäre der Anschein von Planung in der Biologie - bzw. die dahinter stehende Teleologie - nur ein oberflächlicher, verzichtbarer Eindruck gewesen, hätte es nicht erst DARWINs Theoriengebäude gebraucht, um ihn zu erklären bzw. aufzulösen.

Daraus ergibt sich, dass es nun an der Zeit ist, sich den Gegenargumenten zu Position 1) - dem nahe liegenden Schluss vom Anschein von Planung auf Planung - zu widmen.

- Das erste Gegenargument ist die Präsentation eines **Mechanismus**, der den Anschein von Planung erzeugen kann. Wie bereits erwähnt wurde, glaubt man allgemein, diesen im Grunde seit Darwin zu kennen oder zumindest plausible Vorstellungen davon zu haben.

- Das zweite Gegenargument betrifft **Dysteleologie**. *Webster's Dictionary* (2003) definiert die Bedeutung dieses Begriffs in Richtung „Zwecklosigkeit", also das Gegenteil zu Teleologie. Im Kontext der Biologie bezieht er sich auf das, was man allgemein als „Design-Fehler"/„Suboptimales Design" bezeichnet. Das Argument bezieht sich aber oft nicht nur auf die unmittelbare Beurteilung der Güte von Konstruktionen, sondern auch auf Krankheit, Tod, Leid, usw.

- Das dritte Gegenargument ist **wissenschaftstheoretischer Natur**. Planung liege außerhalb der Wissenschaft und könne daher nicht als Erklärung zugelassen werden. Darüber hinaus würde die Annahme einer Intelligenz zu heuristischer Sterilität führen.

Als Vertreter der ersten Position argumentiere ich jedoch nicht aus einer defensiven Haltung heraus, sondern mit dem Startvorteil, den mir die *„design-like nature of the organic world"* (RUSE 1998, S.19) verleiht.

7. Mechanismus: Gesucht oder gefunden?

Obwohl Organismen in Hinblick auf ihre teleologische Natur ganz grundlegende Ähnlichkeiten zur menschlichen Technik aufweisen (und sich auch ansonsten viele Parallelen ziehen lassen), sind sie doch sehr andersartig. Organismen basieren - technisch gesehen - auf Nanotechnik, wodurch sie auch zur *Selbstreproduktion* und *Variation* in der Lage sind.

Der Hinweis auf *diese* Unterschiede zwischen rezenter menschlicher Technik und Organismenwelt ist an sich nicht wesentlicher als der Hinweis auf zahlreiche andere Unterschiede - wenn sie nicht notwendige Voraussetzungen für das Konzept einer evolutionär-mechanismischen Erklärung des Lebens wären! Würden sich Organismen nicht fortpflanzen und Variationsfähigkeit zeigen, dürfte eine mechanismische Erklärung ihres Ursprungs heutzutage wohl von vornherein derart unvorstellbar erscheinen, dass eine Erwägung dieses Gedankens kaum auftauchen würde. Doch da das nicht der Fall ist, stellt sich zuerst die Frage, woher Organismen diese Fähigkeiten haben. Das fällt eigentlich in den Bereich der Abiogenese und weniger der Bioevolution. Doch wenn im Rahmen einer rein auf intelligenzlosen Abläufen basierenden Ursprungserklärung plötzlich bei der Herkunft ihrer Hauptsäulen (Reproduktion & Variation) ein Fragezeichen im Sinne solcher Erklärungen steht, so dürfte dies für die meisten Vertreter dieser Konzepte nicht befriedigend sein[10].

10 Es geht also um den Ursprung der Zelle, der kleinsten Einheit heute bekannten Lebens. Mit ihr tauchen die ersten Reproduktionssysteme auf und somit die Basis für Variation und jede moderne evolutionäre Ursprungserklärung. Problematisch ist dabei, dass diese Reproduktionssysteme selbst komplex synorganisiert sind. FRANCIS (2001) bezeichnet sie sogar nach eingehender Betrachtung als irreduzibel komplex, d.h. für eine Funktionsfähigkeit müssen zahlreiche Komponenten aufeinander abgestimmt sein, und eine Entstehung eines solchen Systems über kleine Schritte scheint nicht möglich (siehe JUNKER 2005 und Haupttext). Gelegentlich wird die Auffassung vertreten, nur das Leben selbst sei Produkt zielgerichteter, geplanter Abläufe und der „Rest" der Organismenwelt Resultat ungerichteter Vorgänge. Diese Position ist logisch „unrund", der Darwinismuskritiker Michael J. DENTON (1996) hat das gut zum Ausdruck gebracht: *„The difficulty that is met in envisaging how the cell system could have originated gradually is essentially the same as that which is met in attempting to provide gradual evolutionary explanations of all the other complex adaptions in nature. (...) The problem of the origin of life is not unique - it only represents the most dramatic example of the universal principle that complex systems cannot be approached gradually through functional intermediates because of the perfect coadaptation of their components as a pre-*

Nehmen wir Reproduktion und Variation im Rahmen dieser Betrachtung als gegeben hin. Dann greift die Unterteilung, welche Thomas WASCHKE (2003) immer wieder betont. In der belebten Welt haben wir es mit „Viele-Generationen-Systemen“ zu tun, während der Schluss auf Design ansonsten üblicherweise in Bezug auf „Ein-Generationen-Systeme“ getätigt wird, die nicht zur akkumulierenden Informationsübertragung über Generationen hinweg in der Lage sind. Diese Feststellung ist unspektakulär, da sie den Eindruck von Planung in der Natur *für sich genommen* nicht entkräften kann – im Gegenteil: „Viele-Generationen-Systeme“ sind um einiges komplizierter als „Ein-Generationen-Systeme“: Sie sind in der Lage, sich selbstständig – ohne Hilfe von außen – zu reproduzieren. Heute weiß man zunehmend um die komplex organisierten und teleologisch strukturierten Abläufe, die für dieses Phänomen verantwortlich sind. In der menschlichen Technik, die bis heute keine ernsthaft mit Organismen vergleichbaren „Viele-Generationen-Systeme“ hervorgebracht hat, würde man deshalb Reproduktions- und Variationsfähigkeit als Zeugnis hochentwickelter Ingenieurskunst einstufen und als epochalen Durchbruch feiern.

Erst wenn es gelingt, die Beschaffenheit von Organismen als „Viele-Generationen-Systeme“ in einen speziellen Kontext zu setzen, ist an eine Herausforderung des Schlusses auf Planung überhaupt zu denken. Dieser Kontext ist eine Kausaltheorie, die Reproduktions- und Variationsfähigkeit als Basis für die Erklärung der Entstehung der *„design-like nature of the organic world“* nutzt. Charles DARWIN gelang es in seinem 1859 erschienen Werk *„On the Origin of Species“*, erstmals eine solche Theorie in einer schlüssig wirkenden Form vorzulegen (wenngleich sein Evolutionsmechanismus auch noch lange umstritten war). *Damit* – und nicht durch den bloßen Verweis auf die Unterschiede zwischen der Organismenwelt und Artefakten wie Uhren usw. – gelang es, den Schluss auf echte Teleologie und damit das Wirken einer

---

condition of function.“ (S.269/270) Wenn man diese Argumentationslinie (Synorganisation vs. Gradualismus) also beim Ursprung des Lebens gelten lässt, hat man Probleme zu begründen, warum man sie bei anderen Sachverhalten in der Biologie *a priori* nicht gelten lässt. Deshalb und weil es andererseits aus der Perspektive des Naturalismus einen Bruch im Versuch der Konstruktion einer durchgehend "natürlichen" Geschichte des Lebens bedeutet, ist die Position, dass nur das Leben selbst geschaffen sei, für viele unbefriedigend (vergl. für den letztgenannten Punkt LOBER 1997, S.11/12).

planenden Instanz ernsthaft herauszufordern. Dadurch ist jedoch auch klar: Wenn solche Kausaltheorien allgemein und DARWINs Entwurf dazu im speziellen durch Sachargumente herausgefordert werden können, steht auch Planung als Ursprungserklärung wieder im Raum. Salopp und in Anlehnung an oben zitierte Evolutionstheoretiker formuliert: Wenn die Erklärung, welche den Eindruck von Planung als Illusion entlarven soll, sich selbst als illusionsgefährdet erweist, hat man es mit einer Auferstehung selbigen Eindrucks zu tun.

Es soll nun nicht um evolutionskritische Detailargumente speziell in Bezug auf den heutigen Darwinismus, im moderneren Gewand der evolutionären Synthese, gehen. Der Leser kann in der umfangreichen evolutionskritischen Literatur (z.B. BEHE 1996, KAHLE 1999, LÖNNIG 2001, JUNKER&SCHERER 2001, SWIFT 2002, CAMPBELL & MEYER 2003, MEYER 2004) und auch durch mehr oder weniger unkonventionelle Sichtweisen innerhalb eines rein evolutionären Organismenbildes (z.B. GOODWIN 1997, MARGULIS & SAGAN 2003, WEST-EBERHARD 2003) entsprechende Informationen erhalten.

Stattdessen möchte ich die Aufmerksamkeit auf ein fundamentales Problem lenken, welches alle Ansätze trifft, die auf erblicher Variation und Selektion basieren - also im Prinzip aller Ansätze, die nicht fähig sind, die Entstehung neuer synorganisierter Komplexität in *einem Schritt* zu erklären.

Von Mikroevolution zu Makroevolution?

Dieses Problem ist im Bereich Mikro-/Makroevolution anzusiedeln. Klassisch darwinistisch gedacht wird davon ausgegangen, dass die beobachtbaren Evolutionsprozesse im Wesentlichen die Kräfte sind, die - über lange Zeiträume hinweg - für den Ursprung der *gesamten* Organismenwelt aufkommen können. Von dieser Perspektive aus ist Makroevolution lediglich kumulierte Mikroevolution, womit dieser Begriff nicht für neue Qualitäten stünde. Obwohl der Begriff „Makroevolution" nicht einheitlich gebraucht wird (vergl. WASCHKE 2000), zeigt sich doch, dass damit sehr oft die Entstehung von Neuheiten - neuen Organismenbauplänen, Organen & Strukturen, mithin höherer

Auf den Punkt gebracht: *„Der Ursprung des Neuen ist eines der Kernprobleme der Evolutionstheorie"* (REICHHOLF 1997, S.72) – und wenn man dieses Problem erst einmal sieht, ist es eine Anregung für neue Denkansätze:

„Es gibt keine „eindeutigen Beweise ... für das allmähliche Entstehen irgendeiner neuartigen Lebensform", sagt Ernst Mayr, einer der bedeutendsten zeitgenössischen Evolutionsbiologen. Neue Typen von Organismen tauchen plötzlich auf der Bühne der Evolution auf, verweilen dort unterschiedlich lange und sterben schließlich aus. Somit ist die Darwinsche Annahme, der Stammbaum des Lebens sei eine Folge der schrittweisen Anhäufung geringfügiger Erbunterschiede, offenbar empirisch nicht ausreichend abgesichert. Irgendein anderer Vorgang ist verantwortlich für die emergenten Eigenschaften des Lebens, also jene spezifischen Merkmale, die eine Gruppe von Organismen von einer anderen Gruppe unterscheidet – Fische von Amphibien, Würmer von Insekten, Schachtelhalme von Gräsern. Offensichtlich klammert die Biologie Wesentliches aus. Die Darwinsche Theorie scheint lediglich die mikroskopischen Aspekte der Evolution abzudecken: Sie kann die innerartlichen Variationen und Adaptionen erklären, welche die Feinabstimmung von Varianten auf verschiedene Lebensräume ermöglichen. Um die makroskopischen Gestaltunterschiede, welche die Grundlage der biologischen Klassifikationssysteme bilden, erklären zu können, bedarf es dagegen offenbar eines anderen Prinzips als der auf geringfügige Variationen einwirkenden natürlichen Selektion, handelt es sich hier doch um einen Vorgang, der deutlich voneinander unterscheidbare Formen von Organismen hervorbringt. Dies ist das Problem der emergenten Ordnung in der Evolution, des Ursprungs neuartiger Strukturen in Organismen, das von jeher einen Schwerpunkt der biologischen Forschung bildete."

Wäre es nicht grundsätzlich möglich – auch wenn es Brian GOODWIN (1997, S.11/12) in obigem Zitat nicht im Sinn hatte –, dass ein Denkansatz in bezug auf das Wesentliche, welches von der Biologie laut GOODWIN offensichtlich ausklammert wird, in Richtung „Planung" gehen kann?

taxonomischer Kategorien – in Zusammenhang gebracht wird (vergl. KUTSCHERA 2001, S.38-39, MAYR 2003, S.231). Ein meistens brauchbarer Ansatz ist es, Makroevolution allgemein als *Konstruktionsproblem* und Mikroevolution als *Optimierungsproblem* zu betrachten. (JUNKER & SCHERER 2001, S.128/129)

Und obwohl dieser Punkt in populärwissenschaftlichen Darstellungen zur Evolution oft unerwähnt bleibt – als ob es selbstredend wäre, dass sich Mikroevolution über lange Zeiträume zu Makroevolution aufsummiert –, existiert nach wie vor eine Debatte, ob die beobachtbaren Evolutionsprozesse über lange Zeiträume hinweg tatsächlich für makroevolutive Veränderung aufkommen können. Hier einige Zitate zu dem Thema, auch da nach meiner Erfahrung immer wieder der Punkt vorgebracht wird, ein Unterschied zwischen Mikro- und

Makroevolution werde lediglich von Kreationisten und Evolutionskritikern allgemein „konstruiert":

„*Macroevolution*" war der schlichte Titel einer bedeutenden Konferenz 1980 in Chicago. Roger LEWIN (1980) berichtete darüber für *Science*, er schreibt über das Ergebnis der Konferenz (Heraushebungen vom Autor):

„*The changes within a population have been termed microevolution, and they can indeed be accepted as a consequence of shifting gene frequences. Changes above the species level - involving the origin of new species*[11] *and the establishment of higher taxonomie patterns- are known as macroevolution.* ***The central question of the Chicago conference was whether the mechanisms underlying microevolution can be extrapolated to explain the phenomena of macroevolution. At the risk of doing violence to the positions of some of the people at the meeting, the answer can be given as a clear, No.*** *What is not so clear, however, is whether microevolution is totally decoupled from macroevolution: the two can more probably be seen as a continuum with a notable overlap.*" (S.883)

Scott F. GILBERT und Kollegen (1996) schreiben:

„*The Modern Synthesis is a remarkable achievement. However, starting in the 1970s, many biologists began questioning its adequacy in explaining evolution. Genetics might be adequate for explaining microevolution, but microevolu-*

11 Was „new species" genau sind, hängt vom zugrunde gelegten Artbegriff ab. Es ist jedenfalls keine Problemlösung, „neue Arten" so zu definieren, dass ihre Entstehung (und somit „Makroevolution") beobachtbar ist, wie es manchmal in der Absicht gemacht wird, das Publikum von den eigentlichen Fragestellungen abzulenken. Dass Art X sich nicht mehr mit Ausgangsart Y kreuzen lässt (zumindest unter natürlichen Bedingungen), macht noch keine wirklich neue Art. Wenigstens in dem Sinn, als dadurch Fragen der Makroevolution gelöst werden sollen - die Entstehung höherer Taxa und insbes. damit verbundener Neuheiten. Gelegentlich wird jedoch auch zwischen Mikro-, Makro- und Megaevolution differenziert. G.G. SIMPSON z.B. verwendete Makroevolution für die Entstehung von Arten und Gattungen und Megaevolution für die höheren Taxa (vergl. ERWIN 2000). Das wirkt vielleicht etwas verwirrend, demonstriert aber, weshalb es wichtig ist, die eigentlichen Fragestellungen im Auge zu behalten und sich nicht in Begriffsspielereien zu verrennen, oder diese gar mit einem Argument zu verwechseln.

tionary changes in gene frequency were not seen as able to turn a reptile into a mammal or to convert a fish into an amphibian. Microevolution looks at adaptations that concern only the survival of the fittest, not the arrival of the fittest. As Goodwin (1995) points out, "the origin of species -Darwin's problem- remains unsolved." This reexamining of the Modern Synthesis has led to three great re-discoveries in modern biology. These are the simultaneous rediscoveries of macroevolution, homology, and the morphogenetic field. A new synthesis is emerging from these three areas, and this developmentally oriented synthesis may soon be able to explain macroevolutionary as well as microevolutionary processes." (S.361)

Vom Tod der Synthetischen Theorie, oder den skurrilen Blüten, die die Debatte um Makroevolution hervorgebracht hat. 1980 hat Stephen J. GOULD geschrieben, die Synthetische Theorie sei *effektiv tot*, obwohl sie als Orthodoxie in den Lehrbüchern fortlebe. Genauer: Sie sei tot, wenn eine spezielle Charakterisierung von ihr zugrunde gelegt wird. GOULD (2002) hat später zwar eine „zu starke" Rhetorik eingeräumt, aber den Inhalt verteidigt. GOULD bezog sich nämlich mit seiner Aussage auf eine Definition der Synthetischen Theorie von MAYR, die besagt, dass *„...all evolution is due to the accumulation of small genetic changes, guided by natural selection, and that transspecific evolution is nothing but an extrapolation and magnification of the events that take place within populations and species.*" GOULD stieß sich an MAYRs Behauptungen *„all evolution*" und *„nothing but*". D.h. GOULD hat mit seiner Aussage nicht gemeint, die Synthetische Theorie wäre tot, sondern ihren starken Anspruch in der Formulierung von MAYR angegriffen, oder wie er schreibt: *„If we embrace Mayr's definition, then the synthesis is "effectively dead" "as a general proposition"– that is, as a theory capable of providing a full and exclusive explanation of macroevolutionary phenomena. Wouldn't most evolutionary biologists agree with my statement today?*" (S.1004)

GILBERT *et al.* schreiben weiter, dass Zweifel an der Ableitbarkeit der Makroevolution von mikroevolutiven Prozessen lange Zeit eher in den Hintergrund getreten waren und oft ignoriert oder heruntergespielt wurden:

„The concept that macroevolution could not be derived from microevolution remained as an underground current in evolutionary theory. Every so often, it was brought to the surface by developmentally oriented evolutionary biologists such as Goldschmidt, Waddington, or de Beer. In 1940, Richard Goldschmidt stated the challenge to those who proposed the Modern Synthesis. How could the origin of such things as mammalian hair, aortic arches, niollusc shells, cnidocysts, or the compound eye be explained „by accumulation and

selection of small mutants"? But these attempts to decouple microevolution from macroevolution were either ignored or marginalized ... ." (S.362)

Ist es angesichts solcher Aussagen nicht interessant zu beobachten, wie "Evolution" oft in populärwissenschaftlichen Betrachtungen belegt wird? Wo Resistenzerscheinungen bei Bakterien, Farbvarianten, Größen- und Formvarianten usw. "Evolution" belegen - so als ob keine Zweifel an der *Reichweite* solcher Belege bestünden? Häufiges Motto für das Laienpublikum: „Wenn doch schon in kurzer Zeit solche Veränderungen stattfinden, wie viel mehr ist dann in langen Zeiträumen möglich... - ist das alles nicht wunderbar logisch?..."

Ernst MAYR (2003) schreibt zum Thema:

„Von Darwins Zeit bis heute wird hitzig darüber diskutiert, ob die Makroevolution einfach eine ununterbrochene Fortsetzung der Mikroevolution ist, wie Darwin und seine Nachfolger behauptet hatten, oder ob sie, wie seine Gegner annahmen, völlig von der Mikroevolution getrennt ist und mit ganz anderen Theorien erklärt werden muss. Nach dieser Vorstellung gibt es einen eindeutigen Bruch zwischen den Ebenen der biologischen Art und den höheren systematischen Einheiten." (S.231/232)

Neil A. CAMPBELL und Jane B. REECE (2003) vertreten die Ansicht, dass die moderne Synthetische Evolutionstheorie wohl keine Radikalkur, sondern nur eine Schönheitsoperation benötige und erwähnen in ihrem Lehrbuch die Debatte um Mikro- und Makroevolution:

„Die Hauptschwerpunkte der Synthetischen Theorie sind Gradualismus und natürliche Selektion. Verschiedene Evolutionsbiologen sind allerdings nicht der Ansicht, die Makroevolution ließe sich durch einfaches Hochrechnen der Vorgänge der Mikroevolution erklären." (S.563)

A.P. HENDRY und M.T. KINNISON (2001) weisen darauf ebenfalls hin:

„Evolution is often considered in two categories: microevolution and macro-evolution. The former obviously implies a small amount of change and the later a large amount. The difficulty comes in deciding where the boundary between the two should fall, whether or not they reflect the same processes (acting over different time scales), and whether or not the dichotomy is even useful or valid." (S.1)

„Are macroevolutionary events (large morphological changes or speciation) simply the cumulative outcome of microevolutionarymechanisms (micromuta-tion, selection, gene flow, genetic drift), or does macroevolution require some qualitatively different mechanism? The history of this debate is long, convoluted, and sometimes acrimonious." (S.4)

Abschließend sei noch Gerd B. MÜLLER (2003) zitiert, der als Vertreter des EvoDevo-Ansatzes[12] seine Probleme mit dem Neodarwinismus so formuliert:

„Only a few of the processes listed above are addressed by the canonical neo-Darwinian theory, which is chiefly concerned with gene frequencies in populations and with the factors responsible for their variation and fixation.

---

12 Grob gesagt, bedeutet *EvoDevo* insbesondere die Integration modernen entwicklungs-biologischen Wissens in die mechanismischen Auffassungen über Evolution. Dabei weisen *EvoDevo*-Vertreter auf die Erklärungsdefizite gängiger mechanismischer Vorstellungen von Evolution hin. So wird etwa zugestanden, dass die Vorstellung, sich akkumulierende Genmutationen würden im Laufe der Zeit Innovationen wie Augen und Flügel produzieren, „betrüblich unzulänglich" sei (KIRSCHNER & GERHART 2005, Umschlagtext). KIRSCHNER & GERHART meinen übrigens nicht nur, dass sie mit EvoDevo diese „bedeutende Lücke" in „Darwins Theorie" schließen können, sondern erwähnen auch, dass sie damit Intelligent Design–Vertreter „wissenschaftlich widerlegen" können. Man darf gespannt sein, ob *EvoDevo* (bzw. ihre Variante davon) diese Ziele erreicht (für einige kritische Gedanken/Einschätzungen zum Ansatz von KIRSCHNER & GERHART siehe ERWIN 2005 & CHARLESWORTH 2005). Aber eine Frage erhebt sich in *jedem Fall*: Was war bisher? Haben die bisherigen „betrüblich unzulänglichen" Antworten etwa aus-gereicht, um den Anschein von Planung in der belebten Welt als Illusion zu entlarven? Hat nicht schon Darwin den Design-Vertretern die Antwort geliefert? So wurde und wird es jedenfalls oft genug behauptet. Oder hatten doch eher die Kritiker recht, als sie darauf hinwiesen, seine Antworten würden genau dort versagen, wo es kritisch wird: Beim Ursprung des Neuen, dort wo innovative Kraft gefordert ist? Zumindest wenn man den oft geäußerten Erklärungsansprüchen von Vertretern der evolutionären Standard-konzepte glaubt, ist es wirklich erstaunlich, dass etwa KIRSCHNER & GERHART sich 2005 noch berufen fühlen, ein Buch *„about the origins of novelty in evolution"* (S.IX) zu publizieren – und zwar mit dem Anspruch, wesentliche Fragen (endlich) zu klären!

Although, at the phenotypic level, it deals with the modification of existing parts, the theory is intended to explain neither the origin of parts, nor morphological organization, nor innovation. In the neo-Darwinian world the motive factor for morphological change is natural selection, which can account for the modification and loss of parts. But selection has no innovative capacity: it eliminates or maintains what exists. The generative and the ordering aspects of morphological evolution are thus absent from evolutionary theory." (S.51)

Weitere Literatur (z.B. CAROLL 2000, ERWIN 2000) könnte hier zitiert werden, doch der wesentliche Punkt dürfte klar sein: Die Extrapolation von Mikroevolution auf Makroevolution kann nicht als selbstredend gelten, wie auch Evolutionskritiker stets betonen. Natürlich gibt es Versuche, den Neodarwinismus zu verteidigen (z.B. SIMONS 2002) und Mikroevolution und Makroevolution als Kontinuum darzustellen. Aber die Debatten innerhalb des Paradigmas „Evolution" zeigen in jedem Fall klar, dass hier ganz wesentliche Fragen offen sind.

Ein Grund für die Mikro/Makroevolutions-Problematik ist, dass die Entstehung von höheren taxonomischen Kategorien und der damit verbundenen Neuerungen mit synorganisierter Komplexität verbunden ist, Systemen in denen zahlreiche Komponenten zusammenwirken, um eine Funktion zu ermöglichen. Es ist interessant, zu solchen Systemen eine gedankliche Brücke aus selektionspositiven Schritten zu konstruieren. Das Problem dabei ist, dass es sogar mit einiger Phantasie und biologisch unrealistischen Annahmen oft schwierig ist, für bestimmte Zwischenschritte funktionsfähige und vorteilhafte Stadien anzugeben. Klarerweise setzt an diesem Punkt die Evolutionskritik an und stellt die mangelnde Plausibilität eines ungerichteten graduellen Entstehungsprozesses an Beispielen heraus, für die das Problem der fehlenden Zwischenstufen besonders offensichtlich ist. Doch dazu etwas später. Vorher soll kurz herausgestellt werden, dass das Argument alt und immer noch aktuell ist.

Charles DARWIN (1872) selbst wusste bereits grundsätzlich, welche Probleme *„Organe äußerster Vollkommenheit und Verwicklung"* mit sich bringen. Unter dieser Kapitelüberschrift widmet er sich dem Wirbeltierauge und versucht deutlich zu machen, dass eine graduelle Entwicklung desselben weniger absurd ist, als es den Anschein hat. DARWIN war klar, was auf dem Spiel steht, als er schrieb:

„Ließe sich das Vorhandensein eines zusammengesetzten Organs nachweisen, das nicht durch zahlreiche aufeinanderfolgende geringe Abänderungen entstehen könnte, so müßte meine Theorie zusammenbrechen." (S.250)

REZNIK *et al.* (2002) knüpfen an diesem Punkt an und erklären das Grundproblem:

„The evolution of complex organs is a source of controversy because they require the contributions of many adaptations to function properly." (S.1018)

Nachdem sie DARWINs Argumentation in Zusammenhang mit dem Auge erwähnt haben, fassen sie das Problem so zusammen:

„Said differently, the dilemma posed by a complex adaptation is that it requires many independent elements, all of which must be present for the organ to be useful. If so much is required for an eye to function properly, then how could it evolve?" (S.1018)

REZNIK *et al.* betrachten anschließend die Entstehung der Plazenta innerhalb der Gattung der Guppy-ähnlichen Jungfernkärpflinge. REZNIK *et al.* weisen dabei darauf hin, dass die Plazenta - ähnlich wie etwa das Wirbeltierauge - ein komplexes Organ ist (im Sinne vieler zusammenwirkender Komponenten und vieler daran beteiligter Gene), deren Entstehung evolutionstheoretisch schwierig vorstellbar ist. Einige Arten in der Gattung verfügen über eine Plazenta, während andere Arten keine Plazenta oder als Zwischenstufen interpretierbare Strukturen besitzen. Nach Ansicht der Autoren könne man an diesem Fallbeispiel Wissen über die Evolution von evolutionären Neuheiten und Komplexität gewinnen. Dabei müssen sie interessanterweise postulieren, dass sich die Plazenta dreimal konvergent entwickelt hat - innerhalb einer Gattung! Anstatt eine dreifache unabhängige Entstehung eines komplexen Systems bei nahe verwandten Arten anzunehmen, liegt eine andere Vermutung näher: unterschiedliche Ausprägung eines in einer Stammform bereits bereits vorhandenen Potentials - Mikroevolution also.

Was sich jedenfalls zeigt, ist die Aktualität des Themas - wie entstehen komplex organisierte Systeme in einem ungerichteten evolutionären Prozess?

Wenn man als Evolutionskritiker argumentiert, die Entstehung synorganisierter Systeme sei aufgrund des Problems fehlender selektionspositiver Zwischenstufen unplausibel, so kann es durchaus passieren, dass die eigenen Argumente pauschal vom Tisch gewischt werden - man hätte z.B. noch nie etwas von Doppelfunktionen gehört usw.

Was weniger bekannt sein dürfte, ist, dass Evolutionstheoretiker in einem bestimmten Kontext selbst so argumentieren. Richard DAWKINS (1996b, Heraushebungen vom Autor) etwa schreibt:

„The fact that only very small creatures have evolved the wheel suggests what may be the most plausible reason why larger creatures have not. (...) ***But what would the evolutionary intermediates have looked like?*** *Evolutionary improvement is like climbing a mountain ("Mount Improbable"). You can't jump from the bottom of a cliff to the top in a single leap. Sudden, precipitous change is an option for engineers, but in wild nature the summit of Mount Improbable can be reached only if a* ***gradual ramp*** *upwards from a given starting point can be found. The wheel may be one of those cases where the engineering solution can be seen in plain view, yet be unattainable in evolution because its lies the other side of a deep valley, cutting unbridgeably across the massif of Mount Improbable."*

Besser könnte man schwer ausdrücken, worum es in der evolutionskritischen Argumentation in Bezug auf die Schwierigkeit der allmählichen Entstehung komplexer Systeme geht! Evolutionstheoretiker argumentieren allerdings nur in einem speziellen Kontext so - wenn es darum geht, zu begründen, warum bestimmte Baupläne in der Natur *nicht* existieren. Die Probleme einer evolutionären Entstehung seien so groß, dass sich ihre Existenz dadurch verbietet (siehe RAMMERSTORFER 2004 für Details).

Am Beispiel von DAWKINS (weitere Autoren mit dieser Argumentation könnten angeführt werden, siehe VOGEL 2003, ab S.511) wird jedenfalls klar demonstriert, dass Evolutionskritik die auf Synorganisation und dem Problem der fehlenden Zwischenstufen aufbaut *grundsätzlich* gültig ist - das grundlegende Argument ist stimmig. Während Evolutionstheoretiker sie jedoch nur auf Strukturen anwenden, die *nicht existieren* (oder noch nicht gefunden wurden), wird sie von Kritikern auch auf *real existierende* Strukturen angewandt.

Wie wäre es beispielsweise mit den Pedicellarien der Stachelhäuter? Diese haben den Vorteil, dass sie relativ klar abgrenzbar und in ihrem Aufbau übersichtlich sind.

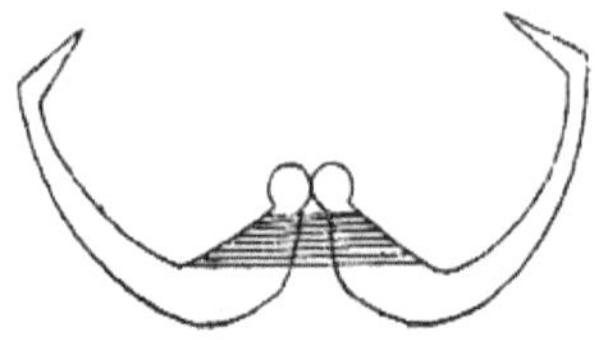

Fig. B.

Abbildung 5 *Schema einer Giftzange nach UEXKÜLL 1899, S.366*

Wer schon einmal versucht hat, sich an einem von Seeigeln besetzten Strandabschnitt zu bewegen, dürfte diesen Lebewesen zumindest im betreffenden Augenblick wenig Sympathie entgegengebracht haben. Doch Seeigel haben neben Schmerzen auch faszinierende Gerätschaften zu bieten (die z.T. ebenfalls Schmerzen verursachen können). Pedicellarien sind winzige Greifzangen, die bei Seeigeln und Seesternen in großer Vielfalt vorkommen. Diese pinzettenartigen Greiforgane entfernen Parasiten, dienen der Reinigung sowie dem Nahrungserwerb und kommen als Giftzangen auch im Bereich der Verteidigung zum Einsatz. Hier soll nur kurz die Giftzange von *Sphaerechinus granularis* betrachtet werden. Es handelt sich um eine dreigliedrige Zange. In den Zangengliedern verlaufen Giftkanäle. Sehr grob gesagt, existieren mächtige

Natürliche Selektion ist kein Designer, kein Ersatz für eine planende Instanz - dieser Punkt wird manchmal missverstanden. Ungerichtete Evolution muss ohne eine selektierende oder wählende Instanz auskommen - im Gegensatz zu gerichteter Evolution, wo eine Intelligenz (=Züchter) Merkmale gezielt auswählt. „Natürliche Selektion" ist lediglich eine Umschreibung für den Sachverhalt, dass (erbliche) Merkmale eines Organismus seine Reproduktionsrate in Zusammenhang mit sich permanent verändernden Umweltbedingungen positiv oder negativ beeinflussen können. „Umweltbedingungen" ist ein Begriff, der hier alle nur irgendwie denkbaren Einflüsse umfasst, die sich auf die Reproduktionsrate eines Lebewesens auswirken. Umweltbedingungen sind zudem insgesamt nie statisch und verändern sich langfristig auf nicht vorhersagbare Weise. „Positive Selektion" etwa bedeutet nur, dass die *gegenwärtige* Merkmalskonfiguration eines Organismus den *gerade herrschenden* Umweltbedingungen zufällig „entgegenkommt", d.h. seinen Fortpflanzungserfolg erhöht. Wer das durchdenkt, versteht auch, weshalb „Natürliche Selektion" keine richtungsgebende Kraft ist. „Natürliche Selektion" wählt auch niemals einzelne Merkmale aus (z.B. Sehfähigkeit), sondern entscheidend ist lediglich die Reproduktionsrate und damit die Performance des gesamten Organismus. Wenn die Reproduktionsrate unter den gegebenen Umweltbedingungen durch ein spezielles Merkmal (etwa Sehfähigkeit) erhöht wird, so wird dieses Merkmal damit nur indirekt gefördert - dass bedeutet auch, dass eine Veränderung dieser Bedingungen den Effekt umdrehen kann, oder gänzlich andere Merkmale plötzlich entscheidend für die Reproduktionsraten werden. Im Gegensatz dazu konzentriert sich ein Züchter auf eines oder wenige erbliche Merkmale eines Lebewesens und fördert diese gezielt über viele Generationen hinweg - selbst dann, wenn die daraus resultierende Form außerhalb einer geschützten Umgebung mit hoher Wahrscheinlichkeit zugrunde ginge.

Schließmuskeln und schwächere Öffner. Wird die Zange aktiviert, öffnet sie sich so stark, dass die drei Zangenglieder weit über die Rollen hinüberschnappen. Man sieht das Prinzip in *Abb.5*. Der Schließer wirkt in dieser Position öffnend - das System ist „feuerbereit". Über eine zweckmäßige Anordnung des gesamten Systems wird erreicht, dass die erregten Giftdrüsen durch die geöffnete Zangen blockiert werden. Ein leichter Druck genügt nun, um das Umschnappen auszulösen, die Zangenspitzen fahren zusammen und geben die Wege für das Gift frei.

Wie sieht es mit einer allmählichen Entstehung dieses und anderer Zangensysteme bei Seeigeln, Seesternen, Insekten usw. aus? Welche Zwischenformen sind wenigstens theoretisch denkbar - wo ist DAWKINs *„gradual ramp"*?

Eine Zange basiert auf der zweckmäßigen Anordnung mehrerer Komponenten. Man benötigt ein Steuerungssystem - eine noch so wunderbare Zange, die nicht richtig genutzt wird, ist völlig wertlos. Mindestens zwei Zangenglieder sind ebenfalls nötig, um ein Objekt greifen zu können, diese müssen klarerweise stabilisiert bzw. korrekt angeordnet werden. Selbiges gilt für Muskeln, die richtig angeordnet sein müssen, um eine Funktion zu ermöglichen. Wenn man das hat, hat man noch lange keine Giftzange oder ein dreigliedriges Zangensystem. Es gilt ausgehend von einer Struktur, die irgendeine andere Funktion hat, eine Zange zu evolvieren – über selektionspositive Zwischenstufen. Denn dass ein Greifsystem „am Schlag" entsteht, kann man nicht erwarten, ein *ungelenkter* Prozess muss diese Struktur in jedem Fall über größere oder kleinere Schritte erreichen können. Aber was könnten solche Schritte sein, bei einem System das zur Erfüllung seiner Aufgabe zahlreiche zusammenwirkende Komponenten benötigt? Dabei sollte man nicht vergessen, dass nicht auf ein Zangensystem *hin* evolviert wird, denn Evolution ist eine Reise ohne Ziel, was zählt ist nur der *unmittelbare* Reproduktionsvorteil. Dabei sollte sich ganz nebenbei solch ein Greifwerkzeug ergeben – als Effekt einer Kette unmittelbarer Reproduktionsvorteile.

Solche Beispiele könnten in Massen abgehandelt werden, von der morphologischen bis in die biochemische Ebene hinein. Was man damit nicht kann, ist die Vorstellung einer schrittweisen Evolution im strengen Sinn zu widerlegen – das ginge nur, wenn man *nachweisen* könnte, dass die zur Diskussion stehenden Strukturen nicht graduell entstehen können – *„Ließe sich das Vorhandensein eines zusammengesetzten Organs nachweisen, das nicht durch zahlreiche aufeinanderfolgende geringe Abänderungen entstehen könnte, so müßte meine Theorie zusammenbrechen."* Der Weg auf dem ein solcher Nachweis geführt werden könnte, ist mir unbekannt.

DAWKINS schlägt zwar oben mit dem Rad (im makroskopischen Bereich) eine Struktur vor, die DARWINS Ansatz theoretisch scheitern lassen sollte – aber würde das tatsächlich der Fall sein? Oder würde man nicht argumentieren, dass die Existenz einer solchen Struktur zeigt, dass sie eben doch schrittweise entstehen kann? Evolutionstheoretiker werfen ihren Gegnern zudem regelmäßig Phantasiemangel vor, wenn diese argumentieren, verschiedene biologische Systeme seien mit den üblichen Evolutionsmechanismen nicht erklärbar –

vielleicht leidet ja auch Richard DAWKINS in oben zitiertem Fall an mangelhafter Vorstellungskraft?

Diese kritischen Fragen nähren sich aus der Beobachtung, dass man mit der Kombination aus Variabilität und natürlicher Selektion einen Ansatz hat, mit dem man alles erklären kann - von spartanischer Zweckmäßigkeit bis hin zu Strukturen, die unnötig kompliziert und schön erscheinen, von eleganten synorganisierten Konstruktionen bis hin zu kurzsichtigen, fehlerhaft erscheinenden Designs, von selbstlos erscheinenden Verhalten bis zu gnadenlos egoistischen erscheinenden Verhalten etc. Das kann daran liegen, dass dieses Grundkonzept der Schlüssel zum Verständnis der Entstehung der Organismenwelt ist. Oder an der "Gefährlichkeit" der Logik des Konzepts selbst: Vielleicht ist das Konzept der auf zufälligen Variationen einwirkenden Selektion nur extrem plastisch und bietet eine gute Plattform, einen guten Ansatzpunkt für die menschliche *Vorstellungskraft*, um Geschichten zur Entstehung praktisch jeden Sachverhalts in der Biologie zu entwickeln? Gelegentlich werden solche Gefahren auch von Evolutionstheoretikern gesehen (z.B. LEIGH 1999). Darüber hinaus haben diese Vorstellungen oft wenig wissenschaftlichen Wert (abgesehen von ihrer Motivationskraft für weitere Forschungen), da sie oft oberflächlich sind oder auf unrealistischen Annahmen beruhen. Nicht selten wird einfach nur behauptet, dass eine Struktur graduell entstand und anschließend einige Indizien und denkbare Zwischenschritte präsentiert - während ganz wesentliche Fragen[13] ausgeklammert bleiben.

---

13 Und das beginnt schon bei der fundamentalen Frage nach den Bauplänen von Organismen: Deren ontogenetische Entstehung ist nicht vollständig geklärt. Wenn man klar zwischen notwendigen und hinreichenden Ursachen unterscheidet, dann weiß man noch nicht einmal, ob die DNA dabei die Hauptrolle spielt, also hinreichend für die Entwicklung des Bauplan eines Organismus ist. Die gängige Meinung ist, dass sich der Bauplan eines Lebewesens aufgrund eines Musters von Entwicklungsschritten ausbildet, welches im Genom programmiert ist. Aber das ist nur zum Teil gesichertes Wissen. Damit einher geht logisch die Frage, ob neue morphologische Strukturen überhaupt grundsätzlich durch Mutationen entstehen können (siehe MÜLLER & NEWMAN 2003, S.3-10). Solange derart grundlegende Punkte unklar sind, kann man sich viele evolutionäre Szenarios zur Entstehung neuer Baupläne vorstellen. Lediglich der wissenschaftliche Wert solcher Vorstellungen kann bezweifelt werden.

Dieser Punkt wird an DARWINs Ansatz zur Evolution des Auges deutlich: Er geht davon aus, dass jede Variation, die er für die Evolution des Auges benötigt, einmal in erblicher Form vorkam. Zusätzlich führt er den jeweils benötigten Selektionsvorteil ein - was kann man auf diese Art und Weise eigentlich *nicht* über einen schrittweisen Entstehungsprozess erklären? (Auch moderne Vorstellungen bzw. Modelle zur Evolution des Auges arbeiten, nebenbei bemerkt, mit sehr fragwürdigen Annahmen, siehe z.B. HANSEN 2003.) Sich die jeweils nötigen Variationen und Vorteile dieser Variationen vorzustellen scheint eine reine Frage der Vorstellungskraft zu sein - entweder sie reicht, oder sie reicht nicht. DARWIN selbst meinte, dass es zum Nachvollziehen seines Ansatzes zur Augenentstehung nötig sei, *„daß die Phantasie dem Verstande das Feld räumt"* (S.249). Das ist nicht *notwendigerweise* negativ - Phantasie beflügelt die Bildung wissenschaftlicher Theorien. Und das war und ist zweifellos auch in Bezug auf DARWINs Konzepte so - nicht alle evolutionären Erklärungsversuche für makroevolutive Prozesse sind *ad hoc* und zu vage, um wenigstens in Teilbereichen Falsifikationsmöglichkeiten zu bieten. Sie motivieren zweifellos die Forschung. Der heuristische Wert kann also in vielen Fällen nicht bezweifelt werden. Aber wie ist es um die empirischen Belege bestellt? Die Wissenschaftsgeschichte zeugt von zweifelhaften Konzepten, die sehr fruchtbar waren - so hatte etwa bis 1935 das Konzept der „mitogenetischen Strahlung" über 500 Publikationen hervorgebracht (ZANKL 2004). Das änderte aber nichts daran, dass das zugrunde liegende Phänomen der „mitogenetischen Strahlung" selbst mehr als zweifelhaft war. Selbstverständlich bringt die Jagd nach einem Phantom nebenbei interessante Entdeckungen und wirkt inspirierend, bloß das Phantom wird dadurch nicht realer. Eine Phantasie oder ein noch so elegant und plausibel wirkender Denkansatz der konkrete wissenschaftliche Theorien hervorbringt, sich sogar in einigen Punkten bestätigt fühlen kann, muss deswegen noch längst nicht korrekt sein. RATZSCH (2001) schreibt in diesem Sinne:

„Thus, although some things that are instrumentally or heuristically useful might be scientifically unacceptable on various other counts (e.g., consistency;

plausibility), they cannot be faulted on grounds of empirical emptiness – if they were empty, they would not be instrumentally or heuristically useful." (S.128)

Während unklar bleibt, wie man *unzweifelhaft* nachweisen sollte, dass eine Struktur in Organismen existiert, welche nicht schrittweise entstehen kann, wird klar, worauf es ankommt: Warum sollte man überhaupt an eine schrittweise Entstehung synorganisierter Systeme in Organismen durch ungerichtete Prozesse (etwa Variation und natürlicher Selektion) glauben?

Die Mechanismenfrage als Brennpunkt

Der Leser sollte sich nicht täuschen lassen, was die Evidenz angeht, die Evolutionstheoretiker an diesem Punkt anführen: Was sie an beobachtbaren Evolutionsprozessen angeben können, ist bereits oben mit der Diskussion um die Begriffe Mikroevolution und Makroevolution berücksichtigt. Die Tatsache, dass in diesem Bereich immer noch diskutiert wird, zeigt für sich genommen schon, dass die Aussagekraft der beobachtbaren Veränderungsvorgänge in Organismen bezogen auf die Entstehung von Neuem begrenzt ist. Daher wird an diesem Punkt i.d.R. recht schnell auf Belege für die Abstammungstheorie verwiesen. Doch darum geht es in diesem Kontext nicht.

Es geht hier um den Evolutions*mechanismus.* Es ist der *Mechanismus,* der die Zielgerichtetheit, damit den Anschein von Planung, produziert. Man benötigt also Evidenz für den *Mechanismus,* um eine *Begründung* für die Einstufung der Zielgerichtetheit als *scheinbare* Zielgerichtetheit zu haben. Selbst wenn absolut stichhaltige Belege für eine gemeinsame Abstammung im Sinne einer Entwicklung aus gemeinsamen Vorfahren vorgelegt würden, so würde das noch nicht bedeuten, dass ein *Mechanismus* anstatt einer zielsetzenden Instanz dies bewirkt hat. Evolutionäre Prozesse könnten ja durchaus eine Schöpfungsmethode sein; im kleinen und auf die Verwendung von bereits vorhandenem Material limitierten Maßstab, kann dies jeder Züchter bestätigen. Dass intelligentes Design mit "gemeinsamer Abstammung" einhergehen kann, zeigt etwa KUTSCHERA (2004, S.81-84) anhand der Automobil"evolution". Die Abstammung ist in diesem Fall zwar nicht realgenetisch, sondern geistiger Natur, und Triebkraft sind nicht ungelenkte Prozesse, sondern Intelligenz, aber immerhin wird hier indirekt (und vom Autor wohl unbeabsichtigt) demonstriert, wie unerheblich die Frage nach gemeinsamer Abstammung in Bezug auf ID ist: Intelligenz kann erfahrungsgemäß hinter Sachverhalten stecken, die wie "Descent with Modification" aussehen, ergo entscheidet nicht Evidenz für eine gemeinsame Abstammung über die Frage nach Planung. Evolutionisten müssen aus diesen Gründen nicht Evidenz für die Abstammungstheorie, sondern für den Darwinismus oder eine andere Kausaltheorie vorlegen. Eine Aussage von AYALA (2004) verdeutlicht dieses Argument, er schreibt:

„Darwin's theory encountered opposition in some religious circles, not so much because he proposed the evolutionary origin of living things (which had been proposed before, and had been accepted even by Christian theologians), but because the causal mechanism - natural selection - excluded God as the explanation for the obvious design of organisms." (S.58)

Interessant ist auch zu beobachten, wo Ernst MAYR (1982) den Schwerpunkt des Darwinismus sah und wie das mit der "Design-Frage" in Zusammenhang steht:

„The real core of Darwinism, however, is the theory of natural selection. This theory is so important for the Darwinian because it permits the explanation of adaptation, the „design" of the natural theologian, by natural means, instead of by divine intervention." (S.xi-xii)

Und der ID-Vertreter Michael J. BEHE (2004) bringt die Sache auf den Punkt, wenn er schreibt:

„First of all, it is important to understand that a hypothesis of Intelligent Design has no quarrel with evolution per se - that is, evolution understood simply as

descent with modification, but leaving the mechanism open. After all, a designer may have chosen to work that way. Rather than common descent, the focus of ID is on the mechanism of evolution - how did all this happen, by natural selection or by purposeful Intelligent Design?" (S.356)

Wenn man diese Gedanken in den Zusammenhang mit einer Aussage von Simon CONWAY MORRIS (2000) setzt, wird klar, welchen sensiblen Bereich ID berührt:

„When discussing organic evolution the only point of agreement seems to be: „It happened." Thereafter, there is little consensus, which at first sight must seem rather odd." (S.1)

Selbst wenn das *„agreement*" in Bezug auf die Realität der Evolution gleichbedeutend mit "Realität" wäre, so hätten Evolutionsvertreter damit noch keinen Punkt gegen echte Planung gemacht. Denn hier kommt es auf den Mechanismus an - ein Bereich, in dem nicht einmal unter Evolutionstheoretikern Einigkeit herrscht, wie CONWAY MORRIS pointiert feststellt.

Damit zeigt sich, dass die Überführung des Begriffes Teleologie in den Begriff Teleonomie gegenwärtig nicht ausreichend begründet ist. Oder auch die Verwendung von DAWKINS' Bezeichnung „designoid" für den Anschein von Planung in der Organismenwelt, bzw. die Verwendung von jedem anderen Ausdruck, der impliziert, dass die Teleologie und der Anschein von Planung in der belebten Welt *bloßer Anschein* ist.

Im Gegensatz zu den Behauptungen der insbesondere in den Kapiteln vier und fünf zitierten Evolutionstheoretiker hat DARWIN keinen Mechanismus geliefert, der den massiven teleologischen Anschein in der Biologie erklären kann. Ob auf DARWIN aufbauende Theorien (oder gänzlich andere auf ungelenkten Mechanismen basierende Theorien) dies jemals leisten können werden, ist offen. Wobei man sich immer verdeutlichen muss, worum es im Kern eigentlich geht: Dinge, die so aussehen, als wären sie zielgerichtet durch Prozesse zu erklären, welche keinerlei Voraussicht besitzen. Evolutionstheoretiker haben jedoch seit jeher eine Argumentationslinie, die aufzeigen soll, dass die Teleologie in der Biologie letztlich doch nur Anschein ist, da es auch Beispiele von Dysteleologie gibt – oder Sachverhalte, die unter dem Gesichtspunkt von echten Zielen und damit verbundener Voraussicht und Planung angeblich absurd erscheinen müssen.

8. Dysteleologie – oder was Designer nicht täten...

AYALA (2004) argumentiert nicht nur mit dem Hinweis auf DARWINs Mechanismus gegen echte Planung in der belebten Welt:

„*An argument follows that the "design" of organisms is not "intelligent," but rather quite incompatible with the design that we would expect of an intelligent designer or even of a human engineer, and so full of dysfunctions, wastes, and cruelties as to unwarrant its attribution to any being endowed with superior intelligence, wisdom, and benevolence.*" (S.56)

RAFF (2005) schreibt in einem Absatz, in dem er die angebliche Erklärungsmacht des Evolutionskonzepts darstellt, unter anderem:

„*In addition, evolution, not design, is the only way to understand the peculiar quirks that exist in organisms, such as the sub-optimal orientation of the photoreceptor cells in the human eye or the large amounts of apparently useless repeated DNA in our genome.*" (S.275)

Ganz ähnlich schreibt auch RIDLEY (1981) in einem Aufsatz, den man als Herausforderung an Kreationisten verstehen kann:

„*Darwin's theory is also* ***uniquely able*** *to account for both the presence of design, and the absence of design (vestigial organs), in nature.*" (S.832, Heraushebung vom Autor)

Solche Argumentationen, die in irgendeiner Form immer auf Annahmen darüber basieren, was ein Designer *nicht* täte/zuließe (wobei dieser in solchen Argumenten oft mit dem biblischen Gott identifiziert wird, ohne aber darüber Rechenschaft abzugeben, ob die Bibel ein solchen Argumenten zugrunde liegendes Gottesbild überhaupt zeichnet), finden sich sogar in führenden

Fachjournalen wie *Nature* (CHARLESWORTH 2002) oder Lehrbüchern für Evolutionsbiologie (KUTSCHERA 2001, S.209)[14]. Schon Darwin machte davon massiven Gebrauch, was etwa Abigail LUSTIG (2004) in ihrem Artikel „*Natural Atheology*" zeigt. Diese Arbeit ordnet solche Argumentationen in einen größeren Kontext ein, der zeigt, wie Evolutionsvertreter teilweise weit über den Rahmen der Wissenschaft hinausgehen, wenn es darum geht, dem Evolutionskonzept Raum zu schaffen/ zu erhalten - aber dieses Thema führt hier zu weit.

Es ist davon abgesehen keine Frage, dass der Hinweis auf planerisch unsinnig erscheinende Sachverhalte in der Natur - Rudimente, Atavismen, Rekapitulationen, (ungewöhnlich wirkende) Homologien allgemein, sonstige „suboptimale Designs", aber gerade auch Krankheit, Tod, Schmerzen - seit jeher ein Kernargument, ziemlich sicher sogar das stärkste Argument überhaupt, gegen Planung und (indirekt) für Evolution war. Es kann hier nicht angemessen auf die Komplexität der Thematik eingegangen werden, der interessierte Leser findet hierzu anderswo umfassende Diskussionen (z.B. REMINE 1993, NELSON 1996, JUNKER 2002, HUNTER 2003, 2004).

Der erste und vermutlich wichtigste Punkt ist: Solche Argumente beruhen auf bestimmten Vorstellungen der "planenden Instanz". *Ob* und *wie* sie treffen, hängt von dem Konzept ab, das man *selbst* von der *planenden Instanz* und ihrem *Handeln* hat. Ist es beispielsweise ein Problem, wenn ein Löwe seine Zähne in ein Gnu versenkt? Ein Parasit seinem Wirt Probleme bereitet? Wenn in diesem Bereich für Evolution und gegen Planung argumentiert wird, so ist zu beachten, dass diese Argumente theologischer Natur sind. Eine angemessene Antwort muss also ebenfalls auf dieser Ebene erfolgen.

---

14 Dieses Argumentationsmuster - welches im Kern darin besteht, für Evolution zu argumentieren, indem man bestimmte Vorstellungen von Schöpfung & Schöpfer gegenüberstellt - ist nicht einfach nur auf die Anführung von Dysteleologie im strengen Sinne beschränkt . In Anhang C wird das anhand einer sehr bekannten Argumentation für Evolution aufgezeigt. Ich erachte diesen Punkt als wichtig, da er einen brisanten Sachverhalt verdeutlicht: Es ist möglich, verschiedene Argumente für Evolution anzugreifen, indem man die ihnen innewohnenden Postulate über Schöpfer und/oder Schöpfungsmethode hinterfragt.

Aber ein Rest bleibt dennoch: Nicht alle Fälle in dieser Kategorie von Argumenten bauen auf einer sehr konkreten Designer-Vorstellung auf bzw. auf einem bestimmten theologischen Hintergrund. Sie sind teilweise einfach nur eine Sache der Logik. Wenn man z.B. eine komplex synorganisierte Struktur hat, bei der man auf Planung schließen kann und diese Struktur einen Konstruktionsfehler hat, in dem Sinne als es so scheint, als hätte ein Planer hier eine nachweislich bessere Lösung realisieren können - so hat der Planer vielleicht ganz einfach einen Fehler gemacht. Das wäre nur bedenklich, wenn man von einem unfehlbaren Designer ausgeht, was aber eindeutig ein theologisches Thema ist. Aber was wäre, wenn sich so geartete Fehler in vielen Fällen nachweisen lassen würden? Was sollte man dann zum Thema Planung sagen? Man müsste argumentieren, dass die jeweilige planende Instanz irgendwie in der Lage war, hochkomplexe, genial wirkende Systeme zu schaffen, ihr dabei aber immer wieder „dumme" Fehler unterlaufen sind, die sogar wir Menschen ohne Mühe erkennen können. Dies würde eine teleologische Position letztlich stark schwächen, wenngleich einzelne (bzw. auf spezifische Strukturen bezogene) Design-Argumente damit nicht widerlegt würden.

Das waren einige kurze Erläuterungen zur grundlegenden Argumentationstechnik hinter Einwänden, die sich auf „Dysteleologie" beziehen. Argumente dieses Typs lassen sich in der Regel inhaltlich gut kritisieren, sofern sie sich auf konkrete Sachverhalte beziehen. Ich habe hier einige Gesichtspunkte zusammengestellt, die als Ausgangspunkt für eine solche Kritik dienen können.

1) *Nachforschungen anstellen*. Wenn man mit Aussagen konfrontiert wird, etwas sei funktionslos oder in irgendeiner anderen Weise suboptimal, bedeutet das oft genug nur, dass die Seite, welche dieses Argument bringt, etwas übersieht oder nicht kennt. Und dann können Nachforschungen Licht in die Sache bringen. Wachsendes Wissen und Verstehen in Bezug auf Aufbau und Funktion von Organismen war schon immer der Feind von Argumenten, die sich auf „Design-Fehler" beziehen. SCADDING (1981) führt etwa zum beliebten Argument rudimentärer Strukturen im menschlichen Körper an:

> **Informationsmangel** ist ein häufiges Problem, wenn es darum geht, biologische Strukturen zu beurteilen. Arthur J. CAIN (1989) hat auf diesen Punkt aufmerksam gemacht. Er schreibt als Ergebnis seiner Untersuchung u.A.:
>
> *„It seems, then, that the grounds on which so much of the diversity of animals has been asserted to be non-adaptive and merely ancestral are mistaken, and based almost entirely on a lack of information. The indirect evidence available points strongly to the adaptive nature of the major plans on which animals are built, and of almost all the details."* (S.26)
>
> CAIN räumt anschließend ein, dass etwa der seltsame Verlauf des rückläufigen Kehlkopfnervs (siehe dazu RAMMERSTORFER 2004b) möglicherweise ein Überrest der Evolutionsgeschichte sei, was aber nichts an seinem Schluss ändert. Informationsmangel begünstigt also oft die Interpretation als „non-adaptive"/suboptimal/Design-Fehler/... . Das wirkliche Problem ist aber ein anderes. Denn eine schnelle Aburteilung biologischer Strukturen als funktionslos, historisch bedingt, fehlerhaft usw. birgt die Gefahr, Infomationsmangel zu begünstigen! Oder wie CAIN schreibt:
>
> *„If it is taken dogmatically that many characters must be non-adaptive, then of course there will be no motive to investigate them, and they will continue to be quoted as non-adaptive whether they are or not; but the positive evidence suggests an adaptive nature."* (S.18)

„I would suggest that the entire argument that vestigial organs provide evidence for evolution is invalid on two grounds, one practical, the other more theoretical. The practical problem is that of unambiguously identifying vestigial organs, i.e., those that have no function. The analysis of Wiedersheim's list of vestigial organs points out the difficulties. ***As our knowledge has increased the list of vestigal structures has decreased****. Wiedersheim could list about one hundred in humans; recent authors usually list four or five. Even the current short list of vestigial structures in humans is questionable."* (S.175, Heraushebung vom Autor)

Anlässlich einer Forschungsarbeit von WILSON *et al.* (2001) hat R. McNeill ALEXANDER (2001) darauf aufmerksam gemacht, dass man für angeblich funktionslose Muskeln in Pferdefüßen Funktionen gefunden hat. Es wird darauf hingewiesen, dass die Arbeit von WILSON *et al.* eine mögliche Funktion dieser Muskeln als Stoßdämpfer nahelegt. Die für funktionslos gehaltenen Muskeln fangen relativ hochfrequente – und wahrscheinlich schädliche – Vibrationen auf. Diese entstehen, wenn der Fuß auf den Boden aufschlägt. Hier einige Zitate aus dem Beitrag von ALEXANDER:

„Some muscle fibres in the legs of horses seem to be evolutionary leftovers with no function. But in fact they may act to damp damaging vibrations generated in the leg as the horse runs." (S.855)

Interessant ist, zu welchen allgemeineren Überlegungen ALEXANDER durch den konkreten Fall motiviert wird:

„Wilson et al. have found an important role for a muscle that seemed to be the relic of a structure that had lost its function in the course of evolution. Their work makes us wonder whether other vestiges (such as the human appendix) are as useless as they seem." (S.857)

Ein weiteres Beispiel ist das Wirbeltierauge. Hier wird z.B. immer wieder behauptet, sein inverser Aufbau sei unsinnig. Während beim Linsenauge des Tintenfischs das ins Auge einfallende Licht direkt auf die Photorezeptoren trifft, muss es beim Wirbeltierauge erst verschiedene Zellschichten (Bipolarzellen und Ganglienzellen) überwinden, bevor es auf die lichtempfindlichen Sinneszellen trifft. Hier stehen also Zellen des Nervensystems dem Licht im Weg und können es streuen und abschwächen. Zudem geht der inverse Aufbau auch mit dem so genannten „blinden Fleck" einher. Doch hierzu müssen mehrere Faktoren berücksichtigt werden. Das Auge der Tintenfische ist dem grundlegenden Aufbau des Wirbeltierauges zwar sehr ähnlich, aber in Wirklichkeit sind die beiden Linsenaugen sehr verschieden, wenn man ihr ontogenetisches Werden mit einbezieht. Tintenfische bilden das komplette Auge aus der Haut, während Wirbeltiere Glaskörper, Netzhaut und weiterführende Zellen aus dem Nervengewebe formen, Linse und Hornhaut dagegen aus der Haut. Es ist also fragwürdig, ob man die beiden Systeme einfach vergleichen kann, da offensichtlich ein viel größerer Kontext zu berücksichtigen ist. Zudem kennt man heute die Vorteile eines inversen Aufbaus. PFAFF (2002) schreibt dazu:
„Auf den ersten Blick erscheint dieser „inverse" Aufbau des Wirbeltierauges unsinnig – stehen doch einige Zellschichten zwischen den Lichtteilchen und den Sinneszellen. Doch er bietet einige Vorteile:

+ Bei gleicher Augengröße passen mehr Sinneszellen ins Auge.

+ Die Blutgefäße können die Zapfen und Stäbchen viel besser erreichen und mit Nährstoffen versorgen." (S.37)

Im „*Ophthalmology Channel*" wird zum Thema berichtet:

„It may seem counterintuitive that as it gets processed by the visual system, the signal travels from the back of the eye toward the eye's interior, rather than from the inner surface of the retina and out the back of the eye. But metabolically active photoreceptors need a lot of support. They are connected to a highly pigmented layer called retinal pigment epithelium (RPE) that grows atop a highly vascularized layer of tissue (choroid) carrying a heavy flow of blood. If the blood supply and the RPE were inside the eye, they would obscure light from the photosensitive cells. Explained Palanker: "That is why it's built upside down, because those cells on top—the bipolars and ganglions—do not require as many nutrients and as much metabolic support as do photo-receptors."" (LEVY 2005)

Für Details zum Wirbeltierauge und angeblich damit verbundener Suboptimalität siehe NEUHAUS & ULLRICH 2000.

Hier könnten viele weitere Beispiele angeführt werden (z.B. ENDO *et al.* 1999, wo gezeigt wird, dass der seltsam wirkende "Daumen" des Pandas im Gegensatz zu anders lautenden Behauptungen funktionell sinnvoll und elegant integriert ist, oder RACHMILEVITCH *et al.* 2004, wo Hinweise angeführt werden, dass der oft als evolutionärer Ballast interpretierte Prozess der Photorespiration nützlich ist). Oft markierte die Behauptung von "Design-Fehlern" einfach nur die Grenzen des Wissens oder auch die Grenzen des Wissens der Personen, die sie behaupten. Dieser Punkt wird im Unterabschnitt "Heuristik" noch eine Rolle spielen.

2) *Design-Kompromiss.* Wer einmal in seinem Vehikel von einem Ferrari überholt wurde, weiß es genau: Diese Maschinen sind ein Höhepunkt menschlicher Schaffenskraft. Starke Technik verbindet sich mit vollendeter Formgebung. Doch in anderer Hinsicht sind sie ein miserabler Entwurf, wenn man z.B. Treibstoffbedarf, Lärmproduktion, Zuladefähigkeit und Bewegungsfähigkeit abseits vernünftiger Straßen betrachtet. Derartig hochgezüchtete Sportwagen sind insgesamt sehr kompromisslose Designs - den Parametern Geschwindigkeit, Beschleunigung und Attraktivität hat sich alles unterzuordnen. In diesen Disziplinen sind sie demnach auch wirklich optimal, in Bezug auf andere Aspekte jedoch sehr schwach.

Vor diesem Hintergrund kann man die Frage stellen: Was ist überhaupt optimales Design? Optimalität ist ein Begriff, der ohne Betrachtung des Kontextes inhaltsleer ist; - optimal, bezogen worauf? Daraus wird auch klar, dass es so etwas wie "optimales" Design für sich genommen gar nicht geben kann. Was optimal für den einen Zweck ist, mag nur bedingt für den nächsten geeignet sein und überhaupt nicht für einen weiteren Zweck. Der Sportwagen wäre etwa ungeschlagen auf Asphaltbändern, frustrierend beim Einkaufen und gänzlich unbrauchbar im Gelände.

Konstrukteure sehen sich meist zahlreichen verschiedenen Ansprüchen gegenüber, denen ihre Konstrukte genügen müssen, sogar bezogen auf einen Sportwagen, der in seinen Funktionen recht eingeschränkt ist und vom Konzept her alles andere als ein "Allrounder" ist. Das Chassis muss etwa zugleich robust und leicht sowie aerodynamisch sein, es muss Platz für verschiedene andere Komponenten bieten, die wiederum anderen Anforderung genügen müssen usw. Dies führt zwangsläufig zu Kompromissen, und sogar der beste Sportwagen kann nicht in jeder Hinsicht optimal sein. "Optimal" ist lediglich ein Sportwagen, der *bestmöglich* ist, der im Rahmen der gegebenen Parameter die beste denkbare Lösung darstellt - also den besten *Kompromiss* verkörpert. "Suboptimal" im Sinne von "fehlerhaft" wäre ein Sportwagen, der nicht den bestmöglichen Kompromiss verkörpert.
Was führt also ursächlich zu Design-Kompromissen? Zum einen sind es die Naturgesetze, an denen Designer sich orientieren müssen. Zum anderen die Absichten der Designer selbst: In dem Moment, wo ein Entwurf festgelegt wird,

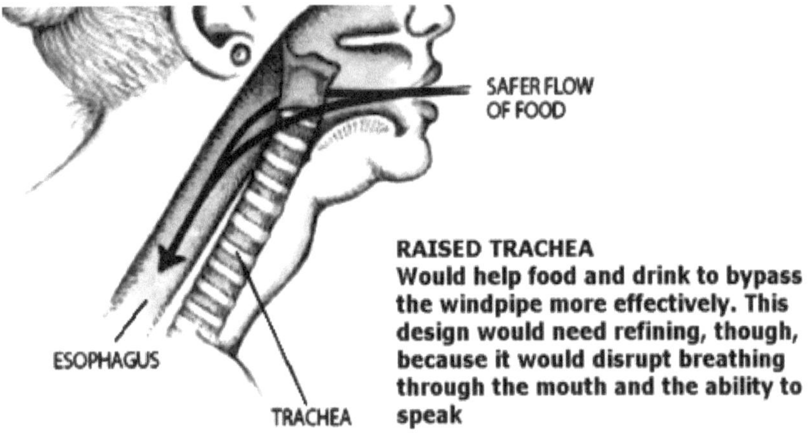

Abbildung 6 Grafik aus OLSHANSKY *et al.* (2001, S.54): Anhebung der Luftröhre als Lösung für Aspirationsgefahr? Abdruck mit freundlicher Genehmigung von Patricia J. Wynne.

wo Ziele und Spezifikationen festgelegt werden, schränken sich die weiteren Möglichkeiten ein, was in weiterer Folge zu sich widersprechenden Notwendigkeiten und einem "Rattenschwanz" an Design-Kompromissen führen wird. Für Design-Kompromisse und die sich daraus ergebende *relative* Optimalität jedes Konstrukts in diesem Universum mit seinen Gesetzen - egal ob Sportwagen oder Organismus - muss sich kein Konstrukteur im Sinne eines "Design-Fehlers" entschuldigen oder mangelnde Kompetenz vorwerfen lassen.

Viele angebliche "Design-Fehler" fallen in diese Kategorie, vielleicht auch der oben kurz diskutierte inverse Aufbau des Wirbeltierauges. Suboptimalität im Sinne von Fehlerhaftigkeit könnte dort nur demonstriert werden, wenn eine nachweislich bessere Lösung im Sinne einer mindestens gleich guten Versorgung der Stäbchen und Zapfen, ohne die bekannten oder schwerer wiegenden Nachteile, plausibel gemacht werden kann. Ein echter Klassiker unter den angeblichen "Design-Fehlern" ist die Überkreuzung von Speise- und Luftröhre, die es möglich macht, dass auf diesem Weg Fremdkörper in die Luftröhre gelangen. Das kann ein echtes Problem werden, wenn eine Beeinträchtigung des Schluckreflexes vorliegt, wie etwa bei Bewusstlosen oder Schlaganfallpatienten.

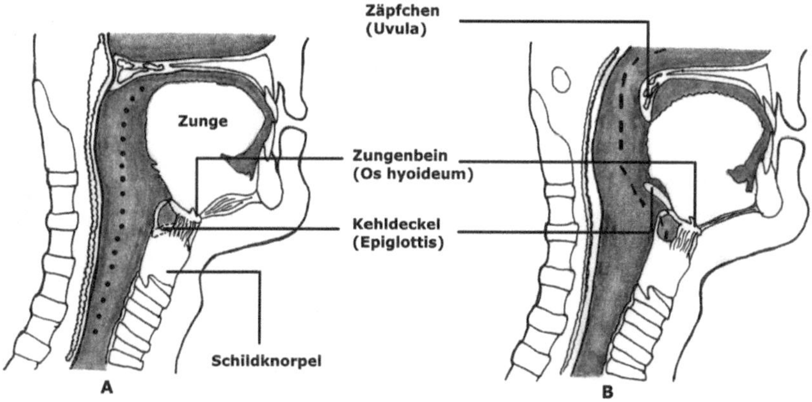

Abbildung 7 Die tatsächlich realisierte Lösung. Der Atemweg (B, gestrichelt) und der Speiseweg (A, gepunktet) kreuzen sich im Mundrachen. In A sieht man, wie die Atemwege gesichert werden. Der weiche Gaumen wird gegen die hintere Rachenwand angehoben, wodurch die oberen Luftwege vom Speiseweg getrennt werden. Zungenbein und und Kehlkopf werden angehoben, der Kehldeckel nähert sich dem Kehlkopfeingang. Gleichzeitig kommt es zum Verschluss der Stimmritze und zum Atemstillstand, die unteren Atemwege sind vom Speiseweg abgetrennt. (Abb. angelehnt an FALLER *et al.* 1999, S.402; Abdruck mit freundlicher Genehmigung von Marc Schneidinger)

Zusätzlich provoziert wird das "Verschlucken" (Aspiration) durch bestimmte Körperpositionen, etwa einen in den Nacken gelegten Kopf, was den Schluckakt erschwert. Nachteilig kann sich bekanntlich auch der Versuch auswirken, gleichzeitig zu reden und Nahrung sowie Flüssigkeit aufzunehmen. Ernst MAYR (PLÜSS 2004) sagte dazu:

„Dass sich beispielsweise die Wege vom Mund zum Magen und von der Nase zur Lunge überkreuzen, so dass man sich verschlucken kann, ist eine totale Fehlkonstruktion. So etwas wäre nie entstanden, wenn da ein intelligenter Schöpfer gewesen wäre, der die Welt aufgrund von scharfem Nachdenken konstruiert hätte."

Dass diese Überkreuzung in gewisser Hinsicht eine Schwachstelle darstellt, ist klar. Nur müssen solche Schwachstellen nicht notwendigerweise Fehlerhaftigkeit bezeugen, sie können, wie oben dargelegt, auch Resultat eleganter

Kompromisse sein. Und man denke auch an einige naheliegende Vorteile einer solchen Überkreuzung: In der Luftröhre hinaufbeförderter Schleim wird ohne Umstände in die Speiseröhre geleitet, hoher Sauerstoffbedarf wird elegant über die Öffnung des Mundes gedeckt, und für alle Fälle hat man so auch noch einen zweiten Weg Luft einzulassen - die Notwendigkeit eines Luftröhrenschnittes bei einem simplen Schnupfen wäre ja wirklich ärgerlich! Sehr praktisch ist auch, dass sich so die Mundhöhle im Notfall effektiv und schnell reinigen lässt, indem Luft aus den Lungen kraftvoll durch die Mundhöhle geführt wird und so unwillkommene Substanzen/Objekte mit sich reißt.

Interessant ist in diesem Zusammenhang ein Artikel von OLSHANSKY *et al.* (2001), die dort einige Verbesserungen (?) am menschlichen Körper vorschlagen und in Bezug auf das hier diskutierte Fallbeispiel behaupten:

„Suboptimal design of the upper respiratory and digestive systems makes choking another risk for older people. A simple rearrangement would have fixed that problem, albeit at the cost of severe trade-offs." (S.54)

Deren Modifikationen kann man in Abb.6 betrachten (sowie einige Modifikationen in der Nackenregion, die im Originalartikel erklärt werden). Interessant ist, dass die Autoren selbst auf harte Kompromisse hinweisen, die ihre Modifikationen auslösen würden. Design-Kompromisse also in *jedem Fall* - die Frage ist entsprechend nur, wer den *besseren* Kompromiss macht. Inwiefern hier überhaupt ein Design zur Debatte steht, welches die Mundatmung behindert und den Sprechvorgang beeinträchtigt, ist eine gute Frage. Wie die „Verfeinerung" ihres Designs aussehen könnte, bleiben uns die Autoren leider schuldig. Und auch wie der Schluckakt funktioniert, wenn die Trachea bzw. der Kehlkopf in den Rachenraum zieht. Bei der im Menschen realisierten Lösung wird der Bissen über den Rachen in die Speiseröhre transportiert, wobei der Nasenrachenraum und der Kehlkopfeingang verschlossen werden - alles ein sehr komplizierter Vorgang. Bei dem Lösungsversuch in Abb.6 wird der Bissen erst einmal gegen den Luftweg gedrückt, um dann links und rechts über zwei Engstellen der Speiseröhre entgegenzugleiten - oder auch nicht, weil er zumindest teilweise wieder im Mund landet. Schlucken funktioniert vermutlich nicht besonders gut gegen einen Widerstand. Ein Problem des Konzepts von OLSHANSKY *et al.* ist sicher, dass es aufgrund fehlender Details schwer zu beurteilen ist - man vergleiche es einmal mit den detaillierten Beschreibungen des bestehenden Systems in Anatomiebüchern. Oder man denke daran, dass der Aufbau von Organismen vor dem Hintergrund ihrer Ontogenese gesehen werden muss, worauf die Autoren überhaupt nicht zu sprechen kommen. Man kann natürlich jedes System "verbessern", wenn man *ad hoc* Vorschläge macht und offene Fragen/Einwände mit dem Hinweis auf "refining" belegt.

Sobald die Details betrachtet werden, zeigt sich, warum es zwar einfach ist, Schwachstellen in Konstruktionen zu finden, aber ungleich schwerer, diese gerechtfertigt als Resultat fehlerhaften Designs (und damit eines Problems im Konzept) zu bezeichnen: Weil diese Rechtfertigung zwangsläufig die Vorlage einer besseren Lösung impliziert - und wer zuerst von "Fehlkonstruktionen" usw. spricht und dann in diesem entscheidenden Punkt Schwäche zeigt, hat eine schlechte Position. Das Verhältnis von Design-Fehlern zu Design-Kompromissen möchte ich daher in Anlehnung an die Aussage von Ernst MAYR so formulieren:

Dass sich beispielsweise die Wege vom Mund zum Magen und von der Nase zur Lunge überkreuzen, so dass man sich unter Umständen verschlucken kann, ist ein Design-Kompromiss. So etwas entsteht, wenn intelligente Schöpfer aufgrund von scharfem Nachdenken den unter den gegebenen Umständen bestmöglichen Kompromiss anstreben.

3) *Andersartigkeit.* Organismen sind anders. Anders als die heutige menschliche Technik in vielen Bereichen funktioniert.
In Kapitel drei wurde etwa Bruce ALBERTS zitiert, der Zellen mit einer Fabrik vergleicht, die ein kompliziertes Netzwerk von Fertigungslinien beinhaltet, welche durch Proteinmaschinen verkörpert werden. Aber der Vergleich zu menschlichen Fabriken hinkt, wenn man bedenkt, dass Zellen ihre Maschinen permanent zerlegen und wieder zusammenfügen, besonders auch im Hinblick auf Herausforderungen der Umwelt. Welche menschgemachte Fabrik ist so

dynamisch und flexibel? Dabei arbeitet die Zelle ökonomisch mit vorfabrizierten Kernelementen und synthetisiert erst bei Bedarf zusätzliche Moleküle, die als zusätzliche Module den Maschinen ihre präzise Funktion geben, anstatt jede Maschine von der Basis weg neu zu bauen (siehe WEGENER&NEUBAUER 2006). Zwar ist auch in der menschlichen Technik das Prinzip „Flexibilität und Effektivität durch Modularität" nicht neu, aber es zeigt sich doch, dass Zellen nur bedingt mit Fabriken im herkömmlichen Sinne vergleichbar sind. Solche Unterschiede können für die menschliche Technik befruchtend wirken (siehe BIONIK). Aber die "Andersartigkeit" organismischer Systeme kann andererseits zu Missverständnissen führen, wenn es darum geht, die Qualität ihres Designs zu beurteilen.

Ich habe mich z.B. oft gefragt, warum Gelenke knackende Geräusche von sich geben. Solche Geräusche bei Gelenken gefallen dem Techniker überhaupt nicht – sie sind ein Zeichen, dass irgendetwas nicht "rund läuft". Es ist schon merkwürdig: Auf der einen Seite sind beim Menschen komplizierte Knochenstrukturen verwirklicht, aber ein Gelenk welches "sauber läuft", scheint nicht machbar gewesen zu sein. Was ist die Ursache dieser für Techniker so unangenehmen Geräusche? Das Stichwort lautet „Gelenkspiel" bzw. reversible Störung dieses Spiels („Blockierung"), die i.d.R. durch einfaches Räkeln behoben wird. Das spontane Lösen solcher Blockierungen kann zu knackenden Geräuschen führen. In allen Gelenken sind kleine Nebenbewegungen möglich, was eng mit der Art zusammenhängt, wie das Bewegungssystem in Organismen aufgebaut ist. Dies führt dazu, dass kleine Verschiebungen der Gelenkkörper gegeneinander in andere als in die für den jeweiligen Gelenktyp definierten Hauptrichtungen möglich und nötig sind. In einem Lehrbuch für Anatomie (LIPPERT 2003) heißt es dazu:

„Bei industriell gefertigten technischen Geräten werden solche Nebenbewegungen meist als Mangel angesehen, bei den biologischen Gelenken hingegen sind sie für die Gesundheit des Gelenks unentbehrlich: Zu straff geführte Gelenke werden leicht überbeansprucht, es kommt zu Kapsel- und Bänderrissen." (S.45)

Was auf den ersten Blick unverständlich erscheint, wird demzufolge verständlich, wenn man den Kontext miteinbezieht. Und der ist im Fall biologischer Konstruktionen anders als in der Technik. Hilfreich könnte hier der Begriff „Technologie" sein. Unterschiedliche Technologien beinhalten unterschiedliche Verfahren, Arbeitsmittel und verschiedene Formen der Arbeitsorganisation. Damit einher gehen unterschiedliche *Möglichkeiten* bzw. *Fähigkeiten* bezogen auf konkrete Problemstellungen wie beispielsweise der Konstruktion eines Gelenks. In der menschlichen Technik ist es z.B. möglich, hochgradig präzise und robuste Gelenke zu fertigen - was könnte etwa schon ein Scharniergelenk aus Titan herausfordern, es sei denn lange Zeiträume und extremste Belastungen? Ein biologisches Scharniergelenk wirkt dagegen fragil, aber umso brillianter wenn man daran denkt, dass es von selbst wächst und keine immensen Industrien im Hintergrund benötigt. Wer solche Zusammenhänge nicht sieht, könnte leicht irren, wenn es darum geht, „suboptimale Designs" zu diskutieren.

In diesem Gebiet ist es besonders nötig holistisch zu denken, Dinge dürfen nicht isoliert betrachtet werden. Wenn es um die Beurteilung von Konstruktionen geht, müssen zahlreiche Faktoren und deren Wechselwirkungen sowie unterschiedliche Gesichtspunkte abgewogen werden. Eine Beurteilung geschieht schließlich immer auch unter einem bestimmten Blickwinkel: Es mag sein, dass eine Konstruktion gemessen an bestimmten Kriterien alles andere als „optimal" ist. Aber vielleicht sind die Kriterien, auf die sich die Optimalitätsbetrachtung bezieht, nicht die relevanten oder nur ein Teil der relevanten Kriterien? Möglicherweise ist die Tastatur, auf der ich gerade schreibe, „suboptimal", weil sie nicht die maximale Zahl an Funktionen beherbergt, die auf einer Tastatur dieser Größe machbar wären. Vielleicht ging es aber im Designprozess gar nicht (nur) darum, sondern auch um Kriterien wie "Übersichtlichkeit", "Ästhetik", "Ergonomie", ... ?

4) *Heuristischer Wert.* Wer die offensichtliche Teleologie in der Organismenwelt als Resultat ungerichteter Prozesse sieht, kann eine teleologische Betrachtungsweise und den damit einhergehenden Blickwinkel eines Ingenieurs nur als bloße Heuristik anerkennen: Sie ist nützlich, aber ohne tiefere Bedeutung.

"Biologists must constantly keep in mind that what they see was not designed, but rather evolved." – diese Aussage von Francis CRICK (1988, S.36) lässt das Spannungsfeld erahnen, in dem Biologen arbeiten, für die eine teleologische Betrachtungsweise zwar ein Werkzeug ist, Organismen zu verstehen, aber Teleologie selbst nur eine durch ungerichtete Prozesse erzeugte Illusion.

Dementsprechend könnte eine teleologische Betrachtungsweise bei jeder sich bietenden Gelegenheit aufgegeben werden. Mit dem Hinweis auf planlose evolutionäre Prozesse und Organismen, deren evolutionäres Erbe hier und dort die optimale Lösung eines Konstruktionsproblems verhindert hätte. Mit dem Hinweis, eine (bessere) Konstruktion sei unerreichbar für evolutionäre Prozesse. Mit dem Hinweis, etwas sei lediglich ein Überbleibsel evolutionärer Prozesse. Und mit dem Hinweis, ein intelligenter Schöpfer hätte es so nicht gemacht, weshalb es Evidenz für ungerichtete Evolution sei – ein Argument für Evolution kann ja nie schaden.

Die Frage ist nun: Welche Folgen hat es, wenn eine teleologische Denkweise zugunsten des Verweises auf Evolution partiell aufgegeben wurde? Wie obige Beispiele und Zitate demonstrieren, war der Verweis auf Dysteleologie oft genug voreilig und wurde ein Opfer des Erkenntnisfortschritts – oder aber durch diesen zumindest zweifelhaft. Es könnten noch viele weitere Beispiele gegeben werden, und der interessierte Leser sei auf JUNKER 2002 sowie das dortige umfangreiche Literaturverzeichnis verwiesen.

Das führt logisch zu weiteren Fragen: Worin liegt der heuristische Wert, Strukturen als „funktionslos" oder/und „suboptimal" zu klassifizieren? Welche weiteren Forschungen regt das an?

Es ist keine Frage, dass es in der Biologie vieles gibt, was "merkwürdig" erscheint bzw. unserer Intuition als Designer widerspricht – das obige Zitat aus dem „*Ophthalmology Channel*" zur inversen Retina hat das beispielsweise wunderbar ausgedrückt. Aber was macht man mit dem "Befund" der "Merkwürdigkeit"? In der Biologie eröffnet die Hypothese, dass Lebewesen das Resultat ungerichteter Prozesse sind, die Option, "Merkwürdiges" bequem als fehlerhaft zu deklarieren (– umso einfacher, wenn es auch noch zu phylogenetischen Ansätzen passt, oder/und als ein Argument gegen Planung gebraucht wird). Die teleologische Perspektive hält mit der fruchtbaren Frage nach Sinn und Zweck dagegen und besteht somit darauf, mit Nachdruck zu fragen, wie sich Sachverhalte aus der Perspektive eines Designers darstellen. Die teleologische Perspektive passt logisch zu der Auffassung, der Ursprung der Organismen habe etwas mit Planung zu tun. Und es ist ebenfalls diejenige Perspektive, die wesentlich für die Naturwissenschaft Biologie ist – in dem Sinne, als sie heuristisch wertvoll ist (vergl. Kapitel fünf). Darum gelten auch für Vertreter der entgegengesetzten Ursprungsauffassung die Worte, mit denen RUSE bereits zitiert wurde:

„We treat organisms – the parts at least – as if they were manufactured, as if they were designed, and then we try to work out their functions. End-directed thinking – teleological thinking – is appropriate in biology because, and only because, organisms seem as if they were manufactured, as if they had been created by an intelligence and put to work."

Wenn eine teleologische Perspektive jedoch oberflächlich ist, d.h. rein als Heuristik dient, ohne das man ihr einen Realitätsbezug zuschreibt (da das Design bei Organismen ja angeblich nur illusionär ist), wird sie insgesamt mit weniger Nachdruck verfolgt werden. Mit dem Risiko, dass dadurch Erkenntnisse verloren gehen oder zumindest nicht so schnell erlangt werden.
Natürlich kann eine teleologische Perspektive auch in die Irre führen, wenn Zwecke bzw. Funktionen gesucht werden, wo keine sind. Im schlimmsten Fall würde das dazu führen, dass weitere Forschung betrieben wird. So könnte es beispielsweise sein, dass Teile der so genannten „Junk"-DNA tatsächlich

funktionslos sind. Aber die Hände in den Schoß zu legen und nicht nach Funktionen zu suchen, hätte dazu geführt, dass viele Funktionen, die dieser Teil der DNA erfüllt, verborgen geblieben wären. (Nicht umsonst wenden KIRSCHNER & GERHART (2005, S.53) zum Begriff der „Junk"-DNA ein: „[A] *dangerous term for something one does not understand*") Davon abgesehen dürfte es schwer sein, Fälle anzuführen, wo lange Zeit ergebnislos intensive Suche nach Sinn und Zweck geführt worden wäre, aber es ist im Gegenteil leicht, Fälle anzuführen, wo gegenteilige Behauptungen entkräftet wurden, die besagen, etwas sei funktionslos, fehlerhaft, nur historisch verständlich usw.

5) *Evolution & Design-Fehler.* "Design-Fehler" sind grundsätzlich ein logisch zu erwartendes Resultat, wenn ohne Vorausblick gearbeitet wird. Nur bedeutet das nicht notwendigerweise, dass "Design-Fehler" aus evolutionärer Perspektive im *Einzelfall* zu erwarten sind. Ein interessantes Beispiel ist hier der so genannte „DNA-Schrott" („Junk"-DNA). KUTSCHERA (2001, S.209) argumentiert, dass dieser dem Konzept eines *„planenden Schöpfers"* widerspreche. Das sei dahingestellt, aber die Gegenfrage wäre, wie es im Kontext aktueller Vorstellungen über den Evolutionsmechanismus um die widerspruchsfreie Einordnung der „Junk"-DNA steht. Darwinisten wie Ernst MAYR haben dieses Problem gesehen. MAYR (2003) schreibt:

„Ein erstaunlich hoher Anteil der DNA in den Chromosomen erfüllt anscheinend keinerlei Funktion; unter anderem codiert sie weder RNA noch Proteine. Diese DNA, die manchmal – vermutlich zu unrecht – als „Schrott" (junk) bezeichnet wird, macht beim Menschen nach Schätzungen bis zu 97 Prozent der gesamten DNA-Menge aus. (...) Unter Evolutionsforschern herrscht allgemein die Ansicht, dass die natürliche Selektion diese scheinbar überflüssige DNA schon längst beseitigt hätte, wenn sie nicht doch eine – bis heute nur noch nicht entdeckte – Aufgabe erfüllen würde." (S.139)
MAYR zählt anschließend einige Funktionen von Elementen der „Junk-DNA" auf (Stichwort „Introns"), die man schon gefunden hat. Auf Seite 141 schreibt MAYR weiter:

„Manchen Schätzungen zufolge sind 95 Prozent der menschlichen DNA solcher „Schrott“. Als Darwinist mag man kaum glauben, dass es der natürlichen Selektion nicht gelungen sein soll, sich dieser Menge zu entledigen, wenn sie wirklich nutzlos ist, da die Herstellung von DNA mit erheblichen Aufwand verbunden ist."

Passt das Muster (Annahme großer Mengen funktionsloser DNA) wirklich zum (darwinistischen) Mechanismus?

Die Frage der Beziehung zwischen Evolution und so genannten "Design-Fehlern" oder "suboptimalem Design" bekommt darüber hinaus eine besondere Qualität, wenn daran gedacht wird, dass man manchmal *denselben* biologischen Sachverhalt erst in in Abhängigkeit vom angenommenen Ursprung (Evolution/Design) als "gut" oder "schlecht" beurteilen kann.

Man denke hier konkret an die Reproduktion von Organismen, die oft unverhältnismäßig aufwändig erscheint. Zumindest im Sinne einer ungerichteten Evolution, wo *Fortpflanzungserfolg* nie groß genug geschrieben werden kann. (Nebenbei bemerkt: Die Standardantwort für solche Fälle ist „sexuelle Selektion“. Doch diese Antwort greift in vielen Fällen *a priori* nicht, niemand würde z.B. Pflanzen Vorlieben bei der Partnerwahl einräumen, und müsste auch ansonsten auf ihre Erklärungskraft bezüglich des *Ursprungs* einer Struktur kritisch beurteilt werden. Das sexuelle Selektion ein guter Erklärungsansatz für den *Erhalt* so mancher extrem aufwändiger Fortpflanzungsweisen ist, liegt dagegen auf der Hand.) Manche Fortpflanzungsmechanismen erscheinen sogar "verspielt". Unter dem Gesichtspunkt planerischen Handelns ist das nicht weiter problematisch, da hier die Freiheit besteht, nicht alle Aspekte des Lebens dem Fortpflanzungserfolg zu unterwerfen. Aus evolutionärer Perspektive (und damit vom Standpunkt des Fortpflanzungserfolges aus gesehen), scheinen etwa die sehr aufwändigen und kompliziert strukturierten Pollentransfermethoden der Orchideen *Coryanthes* und *Catasetum* eine Katastrophe zu sein, denn der große Aufwand wirkt wie eine Verschwendung von Ressourcen. *Coryanthes* zeichnet sich durch einen Mechanismus aus, der darauf basiert, dass Prachtbienen angelockt werden. Man könnte verkürzt sagen, dass diese anschließend in einen Zustand höchster Aufregung versetzt werden. Dadurch kommt es früher oder später zu einem "Unfall", der dazu führt, dass eines der Insekten in ein Gebilde fällt, welches einem steilwandigen unbedeckten Eimer ähnelt. Dort wartet eine Flüssigkeit mit geringer Oberflächenspannung, die die Blüte vorsorglich abgesondert hat und verhindert, dass die Biene ihren Flugapparat zur Flucht einsetzen kann. Darin würde das Insekt nun theoretisch ertrinken, denn die wachsähnlichen glatten Wände verhindern ein Entkommen. In dieser Situation kommt dem Insekt eine Beule in einer Seite des Eimers zu Hilfe. Diese hat quasi die Funktion einer Treppenstufe und führt das Insekt zu einem Tunnel. Der Tunnel ist sehr eng, und es ist mühevoll für die Prachtbiene, durchzukommen. Doch kurz vor der Wiedererlangung der Freiheit, wird ein Mechanismus aktiviert: Ein an der Tunneldecke befindlicher Vorsprung drückt stark in den Spalt zwischen Brustkasten und Hinterleib. So fixiert werden der Biene die Pollinien auf den Rücken geklebt. Nach einigen Minuten kommt die Biene wieder frei, nass und beladen mit Pollenpaketen. Die Bestäubung erfolgt, wenn eine mit Pollinien beladene Prachtbiene einer anderen *Coryanthes* in die Falle geht. Bei der Flucht durch den Tunnel, werden ihr die Pollenpakete wieder abgenommen.

Weitere Details und Quellenangaben finden sich in LÖNNIG 2002. Dort wird auch berichtet, dass das, was man intuitiv vielleicht schon erahnt, zutrifft: *Coryanthes* ist nicht sehr verbreitet, was bei einem derart abenteuerlichen Bestäubungsvorgang auch wenig wundert, welcher vermutlich einem besonders hohen Reproduktionserfolg der Pflanzen nicht zuträglich ist. Unter dem Gesichtspunkt "Fortpflanzungserfolg" erscheinen diese Systeme also geradezu als ein Fehlschlag. Dieses Art "Suboptimalität" ist selbstredend grundsätzlich kein Argument gegen Planung, denn gerade eine planende Instanz ist eben nicht an maximale Reproduktionseffizienz als primäres Design-Ziel gebunden, und zudem geht die "Suboptimalität" in diesem Fall mit komplexen teleologischen Systemen einher.

Anders sähe die Situation freilich aus, wenn "die" Evolution möglichst komplizierte und umständliche Fortpflanzung "belohnen" würde – das ist aber nicht möglich, denn die "Belohnung" drückt sich nur in Reproduktionsraten aus. Das ist letztlich der einzig mögliche evolutionäre Gesichtspunkt.

Wieder zurück zu der Kategorie von Beispielen, die sowohl vom Gesichtspunkt evolutionärer Prozesse aus, als auch vom Standpunkt eines Designers gesehen, dysfunktional scheinen.

Gelegentlich wird darauf hingewiesen, dass der Geburtsvorgang beim Menschen sehr riskant ist, da der Kopf menschlicher Kinder eine Größe hat, die in der Relation mit der Beckengröße der Frauen hart am Limit ist. Oft mit der Anmerkung, dass ein Schöpfer das nicht so gemacht hätte. Hier habe die Evolution blind bis an das Maximum optimiert, da größere Köpfe letztlich höhere geistige Leistungsfähigkeit ermöglichen. Dieser Vorteil habe unter dem Strich das höhere Risiko beim Geburtsvorgang aufgewogen[15]. In dieser Form ist das nur eine Behauptung - man könnte genauso glaubwürdig argumentieren, dass zu erwarten gewesen wäre, dass der Nachteil des problematischeren Geburtsvorganges letztlich die Größenzunahme des Schädels verhindern würde. Aber hier geht es um Begründungen im Nachhinein. Zudem ist diese Begründung zweifelhaft, da etwa die Entdeckung der Überreste des *Homo floresiensis* zu demonstrieren scheint, dass auch Menschen mit kleinen Köpfen und Gehirnen Werkzeuge fertigen konnten und intelligent waren (für einen Überblicksartikel siehe HARTWIG-SCHERER 2005).

In Wirklichkeit müssen viele Fallbeispiele in Zusammenhang mit „Design-

---

15 AYALA (2004) bringt in Zusammenhang mit diesem Fallbeispiel *das* theologische Argument für Evolution (!) schlechthin, ich möchte es dem Leser nicht vorenthalten: *„Consider now the birth canal of women, much too narrow for easy passage of the infant's head, so that thousands upon thousands of babies die during delivery. Surely we don't want to blame God for this defective design or for the children's deaths. Science makes it understandable, a consequence of the evolutionary enlargement of our brain. Females of other animals do not experience this difficulty. Theologians in the past struggled with the issue of dysfunction, because they thought it had to be attributed to God's design. Science, much to the relief of many theologians, provides an explanation that convincingly attributes defects, deformities, and dysfunctions to natural causes."* (S.70) Ich stelle mir dazu bildlich ein Werbeplakat in einem Theologieseminar vor, mit der Aufschrift: „Evolutionstheorie – löst euer Theodizee-Problem! " Warum Gott weniger verantwortlich wäre, wenn er die Entstehung des Menschen blinden evolutionären Prozessen überlassen hätte, ist, nebenbei bemerkt, eine andere Frage.

Fehlern" auch evolutionär erst einmal erklärt werden, d.h. in Einklang mit Vorstellungen über Evolutionsmechanismen gebracht werden.

6) *Degeneration.* Was sagt ein verrosteter und beschädigter Ferrari am Straßenrand über die Güte seines Designs aus? Um dies zu beurteilen, müsste man das *ursprüngliche Design* des Ferraris kennen und untersuchen, welche Vorgänge zum gegenwärtigen Zustand des Fahrzeugs geführt haben. Freilich könnte man argumentieren, dass die Anfälligkeit dieses Fahrzeugs für Prozesse, die sein Design beeinträchtigen, zeigt, dass bereits im ursprünglichen Entwurf einiges schief gelaufen ist. Doch implizit unterstellt man dem Designer damit, dass er die Intention hatte, etwas zu schaffen, dass die Zeiten überdauert. Wenn er diese Intention hatte, wäre er gescheitert. Sogar wenn der Mensch (mit seinem grundsätzlichen Streben, Unvergängliches zu schaffen!) konstruiert, ist es nicht immer sein Ziel, Dinge zu schaffen, die eine möglichst hohe oder gar unbegrenzte Haltbarkeit aufweisen - die Wirtschaft dankt.

Es wäre kein Problem, zahlreiche Beispiele aus der Organismenwelt anzuführen, die von Zerfall und Abbau/Komplexitätsverlust zeugen. (In solchen Fällen wird übrigens oft von der „Evolution der (...)*un*fähigkeit" gesprochen. Ein imposantes Fallbeispiel findet sich in DUDLEY 2002, wo gezeigt wird, dass bei Insekten sehr oft die Flugfähigkeit verloren ging. Manche dort erfasste Fälle haben jedoch nichts mit Abbau zu tun, sondern mit phänotypischer Plastizität. Für detaillierte Ausführungen zu degenerativen Prozessen siehe auch LÖNNIG 1993, speziell S.403-419). Ein Argument gegen Planung lässt sich aus degenerativen Vorgängen nicht ableiten, allenfalls ein Argument gegen sehr spezielle Vorstellungen eines Designers und seines Schöpfungsplans. Wenn man etwa davon ausgeht, dass das Geschaffene gänzlich unveränderlich ist (eine Position, die auch Kreationisten nicht vertreten, was sich inzwischen herumgesprochen haben sollte[16]), folgt logisch, dass die heutigen Zerfallserscheinungen Resultat des ursprünglichen Schöpfungshandelns sein müssten. Auf dieser Basis lässt sich

---

16 Ronald L. NUMBERS, ein Experte für den US-Kreationismus, bemerkt dazu treffend: *„Despite the popular image of creationists being wedded to the fixity of species, no one argued for more rapid speciation by means of natural selection that those notorious Darwinian heretics, the creationists."* (S.100)

dann natürlich ein Argument für Evolution machen („ein Schöpfer hätte es nicht so gemacht"). Bloß ist diese Basis nicht gegeben, denn woher nährt sich die Annahme, dass der heutige Zustand der Lebewesen *ursprünglich* ist? Sicher nicht aus dem, was beobachtbar ist, sondern allenfalls aus vorgefassten Vorstellungen über Handlungsweisen und Ziele eines Schöpfers.

Interessant ist letztlich nur der *Ursprung* dessen, was sich heute offensichtlich in einem Prozess des Zerfalls befindet. Dieser Zerfall ist übrigens durch ungerichtete Prozesse - blinde Mutation und Selektion - verursacht, wie man an vielen Beispielen belegen kann. Damit einher geht natürlich auch ein Interesse am „ursprünglichen Design", welches existierte, bevor ungerichtete Prozesse ihr destruktives Werk aufgenommen haben. Das gilt für Organismen genauso wie für verrostete und beschädigte Ferraris am Straßenrand.

7) Relationen. Ein letzter Aspekt noch, der bei der Debatte um Dysteleologie nicht vergessen werden sollte, obwohl er schwer objektivierbar sein dürfte. Üblicherweise wird sehr positiv über organisches Design gesprochen, man nehme z.B. dieses Zitat über den menschlichen Körper (TSIARAS 2004):

„The human body is a marvel of engineering. From the muscular and skeletal systems of the hand working in concert to allow us to type, eat, and caress, to the circadian rhythms of the heart and digestive system keeping things moving despite our consciousness being eisewhere, our bodies are far more complex and awe-inspiring than any man-made creation." (Umschlagtext)

Unmengen ähnlicher Stellungnahmen zur bewundernswerten Konstruktion von Lebewesen könnten hier angeführt werden. Stephen VOGEL (2003) spricht den Punkt in seinem Lehrbuch für vergleichende Biomechanik sogar ausdrücklich an, wenn er sagt:

„As my colleague Steve Wainwright once put it, in nature, the good designs eat the bad designs. The culling edge of natural selection is functional superiority, whatever other factors might complicate the picture. But equivocation, even

embarrassment, commonly follows any statement that structures exist to serve some function. On the one hand that declaration reverberates with the heresy of purposiveness, with the "argument from design" long used (and again quite recently) by people arguing against evolution by natural selection." (S.508)

In der Natur finden wir also überwiegend „gute Designs". Ist das wirklich zu erwarten, wenn man als Ursprungserklärung einen ungelenkten Prozess postuliert – etwa wie bei VOGEL, mit Betonung auf „Natürlicher Selektion"? Oder wäre in diesem Fall nicht genau das Gegenteil zu erwarten: Überwiegend „schlechte Designs" (maximal optimiert vielleicht, aber trotzdem zweitklassig[17]) und hin und wieder „gute Designs"? Egal welche mechanismische Vorstellung Evolutionisten haben – ob sie klassisch darwinistisch „natürliche Selektion" betonen, wie EvoDevo-Vertreter „Variation" in den Vordergrund setzen, oder andere Vorstellungen über den Mechanismus haben: Am Ende bleibt es immer ein blinder Prozess, indem stets nur der unmittelbare Vorteil (=Reproduktionserfolg) zählt. Da ist kein planerisches Element, höchstens Bezeichnungen, die das suggerieren, wenn etwa natürliche Selektion verbal behandelt wird, als wäre sie ein Schöpfer, oder der Evolutionsprozess insgesamt personifiziert wird. („*Um diese Voraussetzungen zu erfüllen, entwickelte die Evolution eine Vielzahl von Tricks*" – die *Larousse Naturenzyklopädie* (Gondrom 2002, S.463) über die Herausforderungen der Fortpflanzung an Land, oder wie man vom „Erkennen von Voraussetzungen" und dem „Entwickeln von Tricks" sprechen kann und dabei diese Fähigkeiten ohne Zögern einem intelligenzlosen Prozess zuschreibt.)

Die daraus resultierende logische Erwartung ist, dass die Designs in der Natur vom planerischen Standpunkt aus – den der Mensch besitzt – erbärmlich

---

17 Dazu eine Aufgabe aus dem Bereich der evolutionären Optimierung: Eine Hängebrücke verbindet die Punkte A und B. Das Ziel ist, möglichst viele Autos in einer Stunde von A nach B übersetzen zu lassen. Rahmenparameter ergeben sich aus einem festgelegten Maximum an Baukosten, Stabilitäts- und Sicherheitskriterien, etc. Der blinde Evolutionsmechanismus wird die Brücke nun variieren und positive Änderungen, d.h. Änderungen, die den vorgegebenen Anforderungen näher kommen, beibehalten. Zum Schluss würde vielleicht die bestmögliche Hängebrücke A und B verbinden. Dass stattdessen ein anderer Brückentyp oder gar ein *Tunnel* dieselben Anforderungen vielleicht weit besser erfüllt hätte, erkennt ein solcher Mechanismus nicht: Er hat nur ein von vornherein zweitklassiges Design voll ausgereizt – evolutionärer Blindflug, statt vorausschauendem Handeln.

aussehen. Vielleicht abgesehen von einigen Zufallstreffern - auch ein blindes Huhn entdeckt einmal ein Korn. Doch das findet in der „biologischen Realität" keine Entsprechung. Mit der BIONIK hat der Mensch sogar einen eigenen Wissenschaftszweig installiert, der dazu dient, seiner Ingenieurskunst als Quelle der Bereicherung zu dienen, indem systematisch biologische Vorbilder berücksichtigt werden - lernt er da wirklich von einem blinden Prozess, der das exakte Gegenteil von Planung verkörpert? Zudem hat sich bereits wiederholt gezeigt, dass Beispiele für „Suboptimalität" entkräftet werden konnten, als das Wissen um die biologische Realität stieg - es ist also nicht nur so, dass die „schlechten Designs" von den „guten Designs" „gegessen" werden, wie VOGEL zitierte und bestätigte, sondern, dass die scheinbar „schlechten Designs" vom Wissensfortschritt „gegessen" werden.

Dystelologie als Argument gegen eine teleologische Position

Das wären einige Aspekte, die neue Perspektiven auf das weite Feld der "Dysteleologie" eröffnen können und meist eine gute Basis zur Entwicklung von Entgegnungen auf Fallbeispiele für angeblich dysteleologische Sachverhalte in der Biologie bieten. Ich sehe trotzdem zwei Möglichkeiten, wie man einer teleologischen Position[18] mit Hinweis auf Dysteleologie ernsthaft Plausibilität entziehen kann. Beide kommen ohne theologischen Hintergrund aus und ohne spezielle Annahmen über Schöpfer und Schöpfung:

A) Das Verständnis von Organismen offenbart, dass deren Aufbau von zahlreichen Konstruktionsfehlern durchsetzt ist, die aller Wahrscheinlichkeit nach keine sekundären - durch Degeneration verursachte - Erscheinungen sind. Es sollte sich zeigen, dass die „schlechten Konstruktionen" zahlreicher als die „guten Konstruktionen" sind. Die Einheitlichkeit der Organismenwelt mit ihren tiefgreifenden Ähnlichkeiten auf allen Ebenen der biologischen Organisation

18 Eine „teleologische Position" ist nicht zu verwechseln mit spezifischen Argumenten für Design. Deren Gültigkeit basiert nicht darauf, ob das Design optimal ist oder nicht. Salopp gesagt: Niemand würde bezweifeln, dass die Programme einer nicht unbekannten Softwarefirma designed sind, obwohl sie von Fehlern und Lücken geplagt sind. Es mag zwar Rahmenbedingungen geben (etwa Dysteleologie), die ggf. Skepsis oder Vorsicht gegenüber dem Schluss auf Planung aufkommen lassen, die aber nicht dazu dienen können, diesen zu widerlegen oder im Vorfeld auszuräumen.

bezeugt ihren Ursprung aus *einer Quelle* – vorstellbar ist, dass diese mit Planung und Intelligenz zu tun hat, oder durch ungelenkte (konkret: evolutionäre) Prozesse verkörpert wird. Wäre die Datenlage wie gerade angenommen, entspräche sie den logischen Erwartungen, die aus letztgenannter Beschaffenheit der „Quelle" resultieren. Stümperhaftes Design passt insgesamt (wie oben besprochen) hervorragend zu Prozessen, die keinen Plan kennen. Damit würde auf dieser Ebene („Design-Fehler") ein gutes Argument für Evolution und gegen Planung existieren.

B) Bei Strukturen, die als Indizien für Planung gewertet werden, sollte sich zeigen, dass sie suboptimal sind. Solche Strukturen sind oft hochkomplex und benötigen enormes Wissen und Fertigkeiten, um geschaffen zu werden – jedenfalls aus der Perspektive menschlicher Ingenieure. Man muss nur daran denken, wie viele Jahre Forschung für das Verständnis biologischer Strukturen benötigt werden, sogar wenn es relativ klar abgrenzbare und insgesamt übersichtliche Strukturen wie etwa Bakterienrotationsmotoren sind. Wenn nun eine solche Struktur plötzlich banale Fehler aufweisen würde, offensichtliche Fehlkonstruktionen, dann könnte man argumentieren: Struktur X wird als Indiz für Planung gewertet. Die Beschaffenheit der Struktur lässt darauf schließen, dass die planende Instanz umfangreiche Fertigkeiten und einen hohen Intelligenzgrad gehabt haben muss. Doch die Tatsache, dass Struktur X in ihrer Konstruktion einige einfach zu durchschauende Fehler aufweist, trübt dieses Bild. Könnte man diese Diskrepanz, zwischen logisch aus der Konstruktion ableitbaren Schlüssen über die Fähigkeiten der planenden Instanz und solchen in diesem Kontext merkwürdig erscheinenden Fehlern, mit mehreren Beispielen untermauern, würde das die Argumentation für Design schwächen. Diese Disharmonie wäre zwar kein direktes Argument *für* eine evolutionäre Entstehung solcher Systeme und auch keine Widerlegung spezifischer Design-Argumente, aber doch ein Hinweis darauf, dass es nicht ratsam ist, eine telologische Position einzunehmen. Die „Inverse Retina" des Wirbeltierauges wäre übrigens ein Fallbeispiel für diese Kategorie – hätte man nicht inzwischen die Vorteile dieser Anordnung verstanden. Bezogen auf die Bedeutung des Wirbeltierauges als Fallbeispiel schreibt DENTON (1998):

„Vision is such an important adaptation in higher vertebrates that if the retina is indeed "wired wrongly" or "badly designed" it would certainly pose, as Dawkins implies, a considerable challenge to any teleological interpretation of nature."

Somit ist klar, dass nicht alle auf Dysteleologie basierenden Einwände gegen Planung *gleichermaßen* vom Gegen-Einwand getroffen werden, sie seien theologische Argumente oder würden auf spezifischen Postulaten über Schöpfer und Schöpfungsmodus aufbauen. Zumindest unter einer Voraussetzung, die in diesem Abschnitt unterschwellig ständig präsent war: Wenn gewisse (nicht-theologische) Annahmen und Spekulationen über die Intelligenz bzw. ihre Fähigkeiten, Vorgehensweise und Intentionen gemacht werden. Dieser Ansatz fällt aus dem engen Rahmen der ID-Theorie hinaus (siehe Kap. 9) in den Bereich einer "Generaltheorie Intelligenten Designs" ("GTID", siehe Anhang A).

Dysteleologie: Schlüsse

Wenn mit Dysteleologie gegen Design argumentiert wird, so wird in Wirklichkeit nie gegen den Schluss auf Planung an sich argumentiert, sondern gegen bestimmte Auffassungen einer planenden Instanz. Und sehr oft sind das bestimmte Gottesbilder und Schöpfungsvorstellungen. Das bedeutet, entweder tritt man derartigen Argumenten auf dieser (theologischen) Ebene entgegen, oder man ignoriert sie, da man entsprechende Auffassungen über die planende Instanz nicht vertritt. Die unter A) und B) angeführten Argumente gehören zwar ebenfalls unter den Überbegriff „Dysteleologie" und werden von den gleichen grundlegenden Einwänden getroffen. Sie haben jedoch argumentativ sicher mehr Gewicht, da sie nicht auf Basis eines sehr spezifischen vorgefassten (theologischen) Bildes einer „Planenden Instanz" funktionieren, sondern mit einigen plausiblen Annahmen auskommen, die auf logischen Schlüssen aus den bekannten Daten beruhen.

Die Argumentation mit „Dysteleologie" ist auf den ersten Blick sehr überzeugend. Sie dient als wichtiges Argument gegen Planung und für ungelenkte Prozesse, besonders in einer unterstützenden Funktion, wenn für Mechanismen argumentiert wird, die angeblich fähig sind, den Eindruck von Planung in der Biologie zu erzeugen. Doch beim näheren Hinsehen zeigt sich, dass solche Argumente entweder bei ihren Grundannahmen und/oder bezogen auf die biologische Realität angreifbar sind. Das fundamentale Problem von Argumentationen mit „Dysteleologie" ist zudem folgendes: Die (mutmaßliche oder tatsächliche) Abwesenheit von Teleologie in Teilbereichen der Organismenwelt bedeutet nicht logisch, dass Teleologie in der Biologie deshalb *generell* eine durch planlose Prozesse erzeugte Illusion ist. Es wäre daher falsch, den „Schluss auf Planung" prinzipiell mit dem Hinweis auf Dysteleologie abzulehnen.

9. Die Suche nach Design

Wer besitzt ein "Intelligenzometer"? Damit ist kein IQ-Test gemeint, denn solche Tests dienen lediglich der Feststellung und Vergleichbarkeit von Intelligenz*leistungen* - bloß „Intelligenz" wird damit nicht gemessen. Ein "Intelligenzometer" ist ein Gerät, welches man durch die Schädeldecke eines Lebewesens einführt. Danach piepst es wie ein elektronischer Fiebermesser und ein kleines Display zeigt an, ob „Intelligenz" vorhanden ist. (In der Luxusausführung von Mediamarkt wird die Intelligenzmenge zudem in verschiedenen Maßeinheiten angezeigt, etwa in cm^3.) Zugegeben, das "Intelligenzometer" ist ein Phantasieprodukt wie etwa der "Heisenbergkompensator" aus *Star Trek* - er dient hier nur als Gedankenexperiment.

Es klingt skurril, ist aber unleugbar: Wir selbst sind das einzige Lebewesen, von dem wir definitiv wissen, dass es über Intelligenz verfügt. Ich persönlich jedenfalls habe „Intelligenz" noch nie gesehen und verfüge über kein "Intelligenzometer". Ich sehe nicht, ob mein Gegenüber intelligent ist, denn ich kann Intelligenz an sich nicht sehen und mich auch nicht an seine Stelle versetzen.

Wenn ich meinem Gegenüber Intelligenz bescheinige, dann tue ich das nicht, weil ich *a priori* weiß, dass es Intelligenz hat, sondern weil sein Verhalten so beschaffen ist, dass dieser Schluss der einzig plausible ist. (Natürlich weiß man aus Erfahrung, dass Menschen intelligent sind, aber diese Erfahrung muss a) irgendwo herkommen und b) ist z.B. aufgrund schwerer Verletzungen oder Erbdefekte nicht jeder Mensch intellektuell vergleichbar befähigt, weshalb es im Einzelfall dann doch immer auf die Beobachtung des Verhaltens ankommt. Zudem wäre es c) bei einer hypothetischen, uns völlig fremden Lebensform, nicht von vornherein klar, ob diese intelligent ist oder nicht, man müsste in ihrem Verhalten Anzeichen dafür suchen). Das führt zu einem wesentlichen Punkt: Es ist nicht Wissen aus Erfahrung (die Kenntnis seiner Gedankenwelt), welches mir sagt, mein Gegenüber sei intelligent - diese Erfahrungswelt ist mir

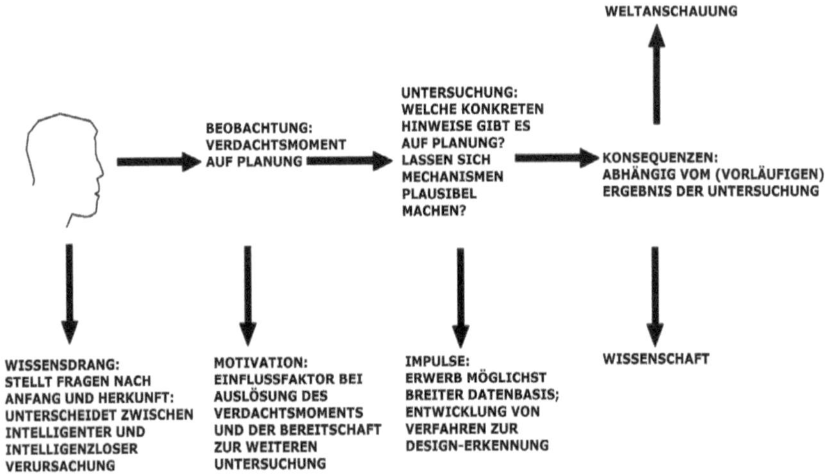

Abbildung 8 Die Suche nach Design.

einfach nicht zugänglich –, sondern die Beobachtung meines Gegenübers, seiner Interaktion mit der Umwelt.

William A. DEMBSKI (2004) hat das so zusammengefasst:

„*We do not get into the mind of designers and thereby attribute design. Rather, we recognize their intelligence by examining the effects of their actions and determining whether those effects display signs of intelligence.*" (S.229)

Der Mensch sucht deshalb nach solchen „*signs of intelligence*". Und zwar in den verschiedensten Zusammenhängen. Die Polizeitruppe, die den plötzlichen Herztod einer 22-Jährigen nachforschungswürdig findet, genauso wie der Bauer, der merkwürdige Muster in seinem Maisfeld findet und der Mann von der Bergwacht, der glaubt, ein codeverdächtiges Muster in den Unterbrechungen des statischen Rauschens seines Empfangsgerätes wahrzunehmen. Und um ein Stück weiter weg vom Alltag zu rücken: Der SETI-Forscher sucht nach Hinweisen auf Außerirdische (etwa in Form von Radiosignalen), viele Wissenschaftler machen sich darüber Gedanken, ob nicht die Struktur unseres

Universums selbst Hinweise auf einen intelligenten Ursprung liefert, und Intelligent Design-Theoretiker spekulieren über Hinweise auf Planung in der Biologie. (Der Ausdruck "Intelligent Design-Theorie" wird hier eng definiert und nur auf die Biologie angewandt. Vom Prinzip her könnte man aber auch sagen, dass auf verschiedensten Gebieten eine ID-Theorie formuliert werden kann und die Biologie nur eines davon ist.)

Die genannten Beispiele entstammen grundverschiedenen Gebieten, und die Art und Weise, wie dem Verdacht auf *„signs of intelligence"* nachgegangen wird, ist entsprechend unterschiedlich. Aber es geht *immer* darum, aus Beobachtungen Schlüsse über einen möglichen intelligenten Ursprung abzuleiten. Der Grundgedanke ist somit stets, dass an der materiellen Beschaffenheit der Dinge, bzw. beobachtbaren Sachverhalten intelligentes *Wirken* ablesbar sein kann. Es geht im Rahmen solcher Ansätze also nicht darum, die Intelligenz zu identifizieren oder spezifische Aussagen über sie zu tätigen, sondern Hinweise (Signale) auf intelligentes Wirken dingfest zu machen. Intelligent Design ist *„the field of study that investigates signs of intelligence. It identifies those features of objects that reliably signal the action of an intelligent cause."* (DEMBSKI 2005)

Wie man Hinweise auf Planung und damit Intelligenz im jeweiligen Fall erkennt, ist eine andere Frage – oft geschieht das vermutlich nur auf der intuitiven Ebene. Würde man etwa *a la „2001: Odyssee im Weltraum"* einen schwarzen Monolithen im Vorgarten ausgraben, müsste man nicht erst lange untersuchen, aus welchem Grund genau dieser intelligent geschaffen scheint (was also die positive Evidenz dafür ist), oder wie man ausschließen kann, dass er doch Produkt irgendwelcher unbekannten Mechanismen ist. Aber so einfach ist das nicht immer, und es können sogar Fälle vorkommen, bei denen es letztlich nicht mit hinreichender Sicherheit entscheidbar ist, ob designed wurde oder nicht. Möglich sind auch Fälle, in denen ein Sachverhalt auf Design zurückgeht, dies aber nicht erkennbar ist.

Abbildung 8 soll in diesem Zusammenhang einen Überblick schaffen, in dem grob wichtige Stationen auf der "Suche nach Design" skizziert werden. Hier einige Details:

1) Wissensdrang. Wir gehen von einem Menschen aus, der in der Lage und motiviert ist, Fragen nach Anfang und Herkunft zu stellen. Als Intelligenz kennt er grundsätzlich zwei Typen von Verursachung: Ein beobachtbarer Sachverhalt kann auf intelligente Eingriffe zurückgehen (planerisches Wirken, Intelligentes Design, ...) oder gänzlich auf ungelenkte Prozesse zurückzuführen sein.

2) Beobachtung. Die Beobachtung bestimmter Sachverhalte kann den Verdachtsmoment auf Planung auslösen. Dieser Prozess wird teilweise von der Motivation bzw. der weltanschaulichen Prägung/ den Vorentscheidungen eines Menschen beeinflusst. Ein Mensch könnte z.B. motiviert sein, bei der Untersuchung von Gestein besonders auf Hinweise von Bearbeitung zu achten. Das könnte sein, weil er einen theoretischen Rahmen vertritt, der genau an diesem Ort und in dieser Schicht, solche Spuren vermuten lässt. Es könnte dann auch sein, dass dieser Mensch etwas enthusiastischer in der Interpretation solcher Spuren ist.

Ein anderer Mensch, der dasselbe Gestein untersucht und nicht sonderlich motiviert ist, nach bestimmten Spuren Ausschau zu halten, könnte hingegen weniger offensichtliche Hinweise auf Planung leicht übersehen. Und falls sich ein Mensch an die Untersuchung dieses Gesteins begibt, der aus irgendwelchen Gründen Spuren von Intelligenz in diesem Bereich überhaupt nicht brauchen kann, so könnte eine gewisse Tendenz gegeben sein, Hinweise auf Planung zu übersehen und abzutun, noch bevor überhaupt eine ernsthafte Untersuchung eingeleitet werden kann.

Ich denke jedoch trotzdem, dass die Motivation eines Menschen die Auslösung des Verdachtsmoments auf Planung im Normalfall nicht völlig ausschalten kann. Vielleicht ist diesbezüglich einiges in der "Hardware" unseres Gehirns verankert. Der konkret diskutierte Fall hier ist jedenfalls nicht Gestein, sondern die

Organismenwelt. Und hier wird meines Wissens nie abgestritten, dass diese den „Eindruck von Planung" erweckt.

Wenn man Organismen mit menschlicher Technik vergleicht, stellt man bemerkenswerte Ähnlichkeiten fest. Schon die oberflächliche Ähnlichkeit zwischen einer Kamera und Linsenaugen regt Gedanken bezüglich Planung an: Beides sind komplizierte Apparate, die sich in Aspekten ähnlich sind – wenn die Kamera geschaffen ist, warum dann nicht auch das Auge? Und geht man etwas tiefer, bemerkt man, dass Organismen und menschliche Technik nicht nur in vielen Teilaspekten ähnlich sind, sondern beide hochgradig teleologisch in ihrer Struktur sind. Aus diesem bloßen „Eindruck von Planung" erwachsen schließlich Argumentationsketten. Um PALEYs berühmtes Uhrenbeispiel einmal mehr zu bemühen (A= Annahmen, S=Schluss):

A_1: Uhren sind designed.

A_2: Uhren und Organismen lassen beide das zweckmäßige Zusammenwirken verschiedener Teile auf ein Ziel hin erkennen -> Teleologie.

A_3: Es ist kein Fall bekannt, in dem ein zweckmäßiges Zusammenwirken verschiedener Teile auf ein Ziel hin ohne intelligentes Wirken verursacht wurde.

A_4: Zweckmäßiges Zusammenwirken verschiedener Teile auf ein Ziel hin ist logisch zu erwarten, wenn der Ursprung des entsprechenden Systems von einer planenden, zielgebenden Instanz verursacht wurde, nicht aber, wenn der Ursprung in einem ziellosen Prozess liegt.

S: Organismen sind ebenfalls designed.

Dieses Argument ist durchaus überzeugend. PALEY und andere Naturtheologen hatten es freilich überstrapaziert – man kann aus solchen Argumenten keinen Gottesbeweis machen oder spezielle Eigenschaften und Absichten des Planers herauslesen. Jedenfalls wären solche Spekulationen vom Schluss auf Design unabhängig, da der Schluss auf Planung logisch von der Identität der planenden Instanz getrennt ist. In diesem Punkt trifft die Kritik, wie sie von David HUME formuliert wurde, sicher zu. Aber abseits der überzogenen Schlüsse der Naturtheologen ist die Kritik fragwürdig. Sie hat keine Wirkung, wenn man von bestimmten Sachverhalten ausgehend auf Planung und eine nicht näher definierte Intelligenz schließt, d.h. keine theologischen Aussagen in die Argumentation integriert. Wenn es um solche unspezifische/allgemeine Schlüsse auf Design geht, werden weitere Gegenargumente angeführt. Martin MAHNER schreibt:

„Paleys Analogie zwischen einer Uhr und der Natur selbst beruft sich auf die Ordnung bzw. Komplexität der Strukturen. Diese benötigen wir aber gar nicht, um eine Uhr als „gemacht" zu erkennen, denn wir wissen bereits aus Erfahrung, dass Uhren Artefakte sind (Flew 1999). Wir würden auch einfache Artefakte wie Scherben oder Mauerreste als solche erkennen, wie es Archäologen ständig tun." (S.131)

Natürlich wissen wir, dass Scherben von Amphoren und Uhren designed sind. Aber lässt sich daraus ableiten, dass **immer** schon *a priori* Wissen über den Designer und seine Schöpfungsmethoden vorhanden sein muss, um geschaffene Objekte als geschaffen erkennen zu können? Wie die Einleitung dieses Kapitels zeigt, ist es im Anfang nicht Erfahrung, die zum Schluss auf Design führt. Denn wir besitzen nicht die Erfahrung anderer Menschen, sondern erkennen ihre Intelligenz letztlich an ihrem Handeln. Anders gesagt: Man muss fragen, woher die Erfahrung kommt, dass etwa Uhren die Produkte von Intelligenz sind – warum bezeugen Uhren das Vorhandensein von Intelligenz? Erst wenn ich verstanden habe, warum Uhren auf Intelligenz zurückgehen, entwickelt sich daraus ein Bestand von Erfahrung. Aber es geht nicht immer um Uhren, Scherben und Mauerreste. Archäologen stoßen manchmal auf Dinge, deren Funktion und Verwendung sie nicht kennen. Sie wissen auch nicht, wer sie gemacht hat, zumindest wissen sie nicht, welche Gedanken der Schöpfer hatte, der sie gemacht hat.

Philip L. QUINN (in AUDI 1999) gibt folgende Zusammenfassung von HUMEs Einwänden gegen das „Design-Argument", wobei klar wird, wieso HUMEs Kritik letztlich zu kurz griff und erst DARWIN (vermeintlich) den entscheidenden Punkt machte :

„The starting point of teleological arguments is the phenomenon of goal-directedness in nature. Aquinas, e.g., begins with the claim that we see that things which lack intelligence act for an end so as to achieve the best result. Modern science has discredited this universal metaphysical teleology, but ***many biological systems do seem to display remarkable adaptations of means to ends****. (...) Hume subjected the design argument to sustained criticism in his Dialogues Concerning Natural Religion. If, as most scholars suppose, the character Philo speaks for Hume,* ***Hume does not actually reject the argument****. He does, however, think that it warrants only the very weak conclusion that the cause or causes of order in the universe probably bear some remote analogy to human intelligence. As this way of putting it indicates, the argument does not rule out polytheism, perhaps different minor deities designed lions and tigers. Moreover, the analogy with human artificers suggests that the designer or designers of the universe did not create it from nothing but merely imposed order on already existing matter. And on account of the mixture of good and evil in the universe, the argument does not show that the designer or designers are morally admirable enough to deserve obedience or worship. Since the time of Hume, the design argument has been further undermined by* ***the emergence of Darwinian explanations of biological adaptations*** *in terms of natural selection that give explanations of such adaptations in terms of intelligent design* ***stiff competition****."* (S.698, Heraushebungen vom Autor)

Abgesehen davon, dass man HUMEs jeweilige Argumente, bzw. ihr Gewicht, durchaus anfechten kann, versagen sie doch, wenn es darum geht, den Schluss auf Design an sich zu entkräften. HUME hat das "Design Argument" an sich nicht entkräftet, er hat primär die Design-Analogie so weit getrieben, dass sie sich mit bestimmten theologischen Konzepten zu Identität und Schöpfungsplan das Designers zu spießen begann.

Trotzdem schließen sie aufgrund bestimmter Merkmale auf Design. (In manchen Fällen kann diese Schluss jedoch mit hoher Unsicherheit behaftet sein, doch das ist kein grundsätzlicher Einwand, sondern zeigt einmal mehr, dass der Schluss auf Design im Kern auf Wissensgewinn basiert - denn nur so lassen sich letztlich Unsicherheiten ausräumen.) SETI-Forscher wissen ebenfalls nicht, welche Signale sie von einer außerirdischen Intelligenz zu erwarten haben - woher auch? Sie kennen weder deren Gedanken noch deren Möglichkeiten. Trotzdem zweifelt niemand daran, dass man eine außerirdische, nicht-menschliche Intelligenz im Prinzip entdecken kann, sobald sie planerisch in die Umwelt eingreift.[19] Im konkreten Fall sucht man primär im Bereich von Radiosignalen.

19 Umgekehrt sind auch die Artefakte, die der Mensch in das All geschickt hat, bestimmt als solche erkennbar. So hat man z.B. bei der *„Sounds of Earth"*-Aufnahme – gespeichert

Das führt zu einem interessanten Nebengedanken: Der Mensch sucht nach gewissen Mustern, die auf intelligentes Eingreifen hinweisen. Insofern werden durchaus von vornherein gewisse Annahmen über die fremde Intelligenz gemacht. Fällt das intelligente Eingreifen einer fremden Intelligenz nicht in unser Suchraster - verbreiten beispielsweise Aliens Signale nicht über Radiowellen oder fallen Signale einer Intelligenz schlicht nicht in unser Konzept von durch Intelligenz produzierten Mustern - ist Design einfach nicht erkennbar. Aber innerhalb gewisser logischer Grundannahmen über Intelligenz und ihr Wirken zu arbeiten (bzw. innerhalb unserer Grenzen und Erfahrungen als *menschliche Intelligenzen*), bedeutet noch lange nicht, dass man *a priori* Wissen über den Designer und sein Schöpfungshandeln haben muss. Ich muss nicht wissen, dass das Ding an PALEYs Sandstrand ein Zeitmessgerät ist, und ich muss die Gedanken seines Schöpfers nicht kennen, um den Schluss auf Design zu tätigen. Dass man von vornherein weiß, dass Uhren usw. designed sind, stellt somit keine Entkräftung von Argumenten nach PALEYs Muster dar, da dies offensichtlich keine logische Voraussetzung für den Schluss auf Design ist (siehe DEMBSKI 2004, S.223-231).

Der fundamentalste Einwand gegen PALEYs Argumentation ist, dass es sich hierbei um einen Analogieschluss handelt. MAHNER schreibt:

„Zunächst handelt es sich beim „argument to design" um ein empirisches Analogieargument, dessen allgemeine Struktur so aussieht: Aus der Beobachtung, dass ein Objekt A eine Eigenschaft P hat und dass ein anderes Objekt B „irgendwie" dem Objekt A ähnelt, wird geschlossen, dass B ebenfalls die (in diesem Falle nicht direkt feststellbare) Eigenschaft P hat. Die Schwäche solcher Analogieargumente besteht in dem Problem, ob und inwieweit die angenommene Ähnlichkeit zutrifft." (S.131)

---

auf vergoldeten Kupferplatten und auf die Voyager-Sonden montiert - konkret darauf gebaut, dass auch eine Intelligenz, welche uns nicht kennt, das Objekt als designed erkennt und sogar die genaueren Intentionen dahinter begreift.

Richard DAWKINS (1996) schreibt einige aufschlussreiche Gedanken zu HUME, die die hier angeführten Punkte verdeutlichen:

*„I said that **I could not imagine being an atheist at any time before 1859**, when Darwin's Origin of Species was published. "What about Hume?", replied the philosopher. "How did Hume explain the organized complexity of the living world?", I asked. 'He didn't', said the philosopher. "Why does it need any special explanation?" **Paley knew that it needed a special explanation; Darwin knew** it, and I suspect that in his heart of hearts my philosopher companion knew it too. In any case it will be my business to show it here. As for David Hume himself, **it is sometimes said that that great Scottish philosopher disposed of the Argument from Design a century before Darwin**. But what Hume did was criticize the logic of using apparent design in nature as positive evidence for the existence **of a God**. He did not offer analternative explanation for apparent design, but left the question open. An atheist before Darwin could have said, following Hume: I have no explanation for complex biological design. All I know is that God isn't a good explanation, so we must wait and hope that somebody comes up with a better one.' I can't help feeling that such a position, though logically sound, **would have left one feeling pretty unsatisfied**, and that although atheism might have been logically tenable before Darwin, **Darwin made it possible to be an intellectually fulfilled atheist**. I like to think that Hume would agree, but some of his writings suggest that **he underestimated the complexity and beauty of biological design**."* (S.5/6, Heraushebungen vom Autor)

Wie eingangs gezeigt wurde, sind die Ähnlichkeiten zwischen Organismen und menschlicher Technik tief greifend. Dasselbe kann man allerdings auch von den Unterschieden behaupten. Doch die Unterschiede an sich sind nicht entscheidend, da man argumentieren kann, dass die Ähnlichkeiten zwischen Natur und Technik – letztlich rückführbar auf die teleologische Strukturierung in beiden Fällen – in unserem Erfahrungsbereich immer von Intelligenzen erzeugt werden: Intelligenzen kennen Ziele, planen im Voraus, also sind teleologisch erscheinende Strukturen logisch zu erwarten, ungelenkte Prozesse haben diese Fähigkeiten hingegen nicht, weshalb man auch nicht logisch erwarten kann, dass sie teleologisch wirkende Strukturen erzeugen.

Das alles gilt unabhängig von den fundamentalen Unterschieden zwischen organismischen Strukturen und menschlichen Artefakten. Die Unterschiede *an sich* zeigen absolut nicht, dass die Analogie scheitert. Sogar menschliche Technologien können weitgehend unterschiedlich sein, man stelle einmal Dampfmaschinentechnik neben Computertechnologie und den aufkeimenden Zweig der Nanotechnologie. All die Unterschiede zwischen diesen Technologien ändern doch nichts an ihren fundamentalen Gemeinsamkeiten, die am Ende nur Planung als Ursprungserklärung zulassen. Auch wenn die Andersartigkeit enorm ist, so sind es doch die Gemeinsamkeiten, die den Ton angeben, wenn es um Design geht. Das bedeutet: Es können große Unterschiede bestehen, solange tief greifende Gemeinsamkeiten bestehen, schwächt das den Analogieschluss auf Design nicht. Mit einer kritischen Ausnahme:

Wenn in diesen Unterschieden das Potential liegt, die Gemeinsamkeiten als Resultat ungelenkter Prozesse zu erklären. Der in dieser Beziehung kritische Unterschied zwischen Organismenwelt & Technik liegt (wie in Kapitel 7 bereits besprochen) im Bereich "erbliche Variabilität und Selbstreproduktion". Auch das entkräftet die Analogie für sich genommen nicht, da diese Fähigkeiten nicht „gratis" sind, sondern selbst in Verbindung mit komplex organisierten Mechanismen stehen, die teleologisch sind. Interessant werden sie erst im Kontext einer Theorie, die auf Basis dieses „Unterschieds" erklärt, wie teleologische Systeme (und damit letztlich all die tief greifenden Gemeinsamkeiten zwischen Organismenwelt & Technik) durch ungelenkte Mechanismen entstehen können. Hier schließt sich der Kreis und wir sind wieder bei DARWIN. Mark RIDLEY (2004) kommentiert eine Zusammenfassung von HUMEs Kritik am Design-Argument der Naturtheologen wie folgt:

„By analogy, designful properties of nature must have a designer too (that is, God). However, the argument relies on analogy. Nature may have some other mechanism that can produce design, without a purposeful designer. (Hume wrote in 1779, when natural selection had not been thought of, but Darwin's theory came to illustrate Hume's general point 100 years later)" S.410

Kurz: Möglicherweise gibt es einen anderen Mechanismus für „Design". Das als Hauptpunkt gegen das "Design-Argument" anzuführen, ist bestenfalls schwach. Die Hoffnung einer solchen Ansicht liegt natürlich in den Unterschieden zwischen Organismen & Technik, aber erst DARWIN hat etwas "daraus gemacht" - indem er einen Mechanismus formulierte. (Zumindest vermittelte er die Sicherheit, dass es einen Mechanismus geben *muss*, denn sein Entwurf eines Mechanismus setzte sich lange nicht durch. Für Details zu diesem Gedanken siehe BOWLER 2004.)

Damit liegt auch auf der Hand, warum erst seit DARWIN Design in der Organismenwelt als „Illusion" gilt, weshalb etwa der in der Einleitung zitierte Francis CRICK vor DARWIN kein Problem gehabt hätte, das "Design-Argument" zu vertreten: HUMEs philosophischer Kritik fehlte Substanz, die Wirkung war nicht tiefgehend genug. Erst mit DARWIN kam eine echte Herausforderung für PALEY – in Form einer *Alternative* zum Schluss auf Design. Ich bin schon oft mit der Aussage konfrontiert worden, dass HUME PALEYs Argumente schon widerlegt hätte, bevor dieser sie publiziert hatte. Doch abgesehen davon, dass HUMEs Kritik offensichtlich den Kern des „Design-Arguments" nicht widerlegt[20], sondern lediglich die Naturtheologie jener Tage effektiv angreift, bleibt immer noch folgende Beobachtung: Es wird ständig von DARWIN als Bezwinger des Design-Arguments (im biologischen Bereich) gesprochen, HUME wird diese Anerkennung - wenn überhaupt - nicht in diesem Ausmaß zuteil. Anders gesagt: HUMEs philosophische Kritik hatte offensichtlich nicht die Wirkung auf das "Design-Argument" und später auf die Rezeption von PALEYs Argumentation für Design, die sie gemäß einigen Kritikern des „Design-Arguments" theoretisch hätte haben müssen. Das fügt sich auch wunderbar mit anderen historischen Beobachtungen zusammen. David STOVE (1995) schreibt:

„Far from having suffered a fatal blow at Hume's hands in 1779, the design argument entered the period of it's greatest flourishing only between 1800 and 1850." (S.181)

Michael RUSE (2004) ist dieser Sachverhalt in einer Abhandlung über das „Design-Argument" ebenfalls aufgefallen, er schreibt mit Verweis auf Elliott SOBER:

---

20 Oder wie RUSE (2004) schreibt: *„Indeed, even Hume himself, at the end of his Dialogues, rather admitted that he had proven too much. The argument* [from design] *still has some force."* (S.18)

„After Hume, how was Paley able to get away with it? More pertinently, after Hume, how did Paley manage to influence so many of his readers? Do logic and philosophy have so little effect? The philosopher Elliott Sober (2000) points to the answer. Prima facie, Paley is offering an analogical argument. The world is like a machine. Machines have designers/makers. Hence, the world has a designer/maker. Hume had roughed this up by suggesting that the world is not much like a machine, and that even if it is, one cannot then argue to the kind of machine-maker/designer usually identified with the Christian God."

Es fällt auf, dass die Analogie zwischen der „Welt" und einer Maschine derart weit gezogen ist, dass sie klarerweise schwach wirken muss. Aber wenn man konkrete biologische Systeme heranzieht und den Fokus entsprechend einschränkt, sieht die Situation schon anders aus – man vergl. etwa die Zitate von Bruce ALBERTS und Adam S. WILKINS zum Thema „Molekulare Maschinen" (Kapitel 3). Weiter im Text:

„But this is not really Paley's argument. He is offering what is known as an "inference to the best explanation." There has to be some causal explanation of the world. All explanations other than one supposing a designing mind – or rather a Designing Mind – are clearly inadequate. Hence, whatever the problems, the causal explanation of the world has to be a Designing Mind. If design remains the only explanation that can do the job, then at one level all of the counterarguments put forth by Hume fall away. As Sherlock Holmes, speaking to his friend Dr. Watson, put it so well: "How often have I told you that when you have eliminated the impossible, whatever remains, however improbable, must be the truth.""

Grundsätzlich wurde das bereits oben gesagt: Man kann die Analogie anzweifeln, man muss sie nicht akzeptieren – egal ob die Analogie im konkreten Fall sehr stark oder geradezu an den Haaren herbeigezogen erscheint. Aber was hat man in der Ursprungsdebatte schon mehr als Analogieargumente – die Vorgänge in der Vergangenheit sind ja *nicht mehr direkt zugänglich*! Der Punkt ist: PALEYs Analogien mögen mehr oder weniger angreifbar gewesen sein, aber immerhin hatte er keine echte Konkurrenz, wenn es darum ging, eine Erklärung zu formulieren. Der Schluss auf Design war immer noch der Schluss auf die „beste Erklärung" - egal welche theoretischen Einwände man anführen konnte, egal ob die Schlüsse der Naturtheologen in Bezug auf die Identität und Gedanken des Designers überzogen waren. RUSE schreibt weiter:

„This is not to say that Hume's critical work was wasted. The believer who was prepared to face up to what Hume had argued would now know (or should now know) that the Designer is a lot less humanlike than most confidently suppose. But for the critical work to be fatal to the existence of the Designer, it would be necessary to wait until another viable hypothesis presented itself." (S.19)

Auftritt DARWIN, Auftritt eines Mechanismus, der für die *„design-like nature of the organic world"* (RUSE) aufkommen soll:

„Darwin explained the teleological character of the living world non-teleologically. The evolutionary process is not itself teleological, but it gives rise to functionally organized systems and intentional agents." (David L. HULL in AUDI 1999, S.906)

Mit dem kleinen Schönheitsfehler, dass ein solcher Mechanismus bis heute nicht gefunden wurde, nicht einmal in der Theorie (s. Kap.7.). **Was ist also mit dem „Schluss auf die beste Erklärung"?** Damit sind wir wieder - wie in Kapitel sechs - bei der Frage nach der *Bringschuld* angelangt: Das *„Design-Argument"* funktioniert offensichtlich, HUME hat daran nichts geändert und DARWINs Mechanismus funktioniert nach heutigem Wissen *nicht*. Die einzig effektive Strategie gegen das „Design-Argument" ist es, zu zeigen, dass die Analogie zwischen Organismen & Technik *scheitert*. Das funktioniert *nicht*, indem man Unterschiede zwischen Organismen und menschlichen Kreationen aufzählt (denn davon bleiben die tiefgreifenden Ähnlichkeiten unbeeindruckt), sondern indem gezeigt wird, dass in diesen Unterschieden das Potential zu einer mechanismischen Erklärung liegt. Konkret (wobei ich davon ausgehe, dass „mechanismische Erklärung" gleich „evolutionäre Erklärung" ist): Dass der Reproduktions- und Variationsfähigkeit von Organismen (in Wechselwirkung mit der Umwelt) echte schöpferisch-innovative Kraft innewohnt. Somit wären "Taten" und nicht philosophische Argumente gegen das „Design-Argument" gefragt – die Bringschuld haben auf dieser grundlegenden Ebene Vertreter evolutionärer Erklärungen bzw. alle, die das „Design-Argument" bezogen auf den Ursprung der Organismenwelt nicht teilen.

Damit zeigt sich, dass der „Verdachtsmoment auf Planung" im Bereich der biologischen Ursprungsfrage nicht als erledigt betrachtet werden kann – trotz HUME und DARWIN. Das „Verdachtsmoment auf Planung" und die damit verbundene Formulierung von Argumenten für Design (im jeweiligen Zusammenhang – es muss nicht die biologische Ursprungsfrage sein) muss aber noch nicht das Ende der Reise sein.

3) Untersuchung.

Wenn sich in einem bestimmten Fall der Verdacht auf Planung ergibt und sich vielleicht sogar gute Argumente zugunsten dieses Verdachtes formulieren lassen, sollte ein bestimmtes Interesse geweckt werden: Das Interesse, mit möglichst hoher Sicherheit bestimmen zu können, ob tatsächlich Planung vorliegt, oder ob doch irgendwelche intelligenzlosen Prozesse den betrachteten Gegenstand hervorgebracht haben. Denn man weiß, dass der bloße Anschein, oder die ersten Beobachtungen mit daraus resultierenden Schlüssen, leicht trügerisch sein können. Eine erste Beobachtung des Himmels ergibt etwa den Anschein, dass sich die Sonne um die Erde dreht. Hier täuscht der Anschein. Eine erster Blick nach oben erweckt aber auch den Anschein, dass der Mond um die Erde wandert – hier täuscht der Anschein keineswegs. Es geht also darum, den ersten Beobachtungen auf den Grund zu gehen, den „bloßen Anschein" zu überprüfen.

Daraus ergibt sich, bezogen auf den Anschein von Planung, dass es für das jeweilige Gebiet (z.B. Biologie) möglich sein sollte, Kriterien zu definieren, anhand derer dem Verdachtsmoment auf Planung systematisch nachgegangen werden kann.

An diesem Punkt setzt die *Intelligent Design-Theorie* an: Organismen sehen so aus, als wären sie geplant worden; evolutionstheoretisch kann nicht zufriedenstellend erklärt werden, warum dem so ist (soweit man das also beurteilen kann, trügt der „Anschein" in diesem Fall nicht) – doch wie kann man aus dem bloßen „Anschein von Planung" und daraus resultierenden „Design-Argumenten" *mehr* machen? *Mehr* im Sinne objektiver Kriterien, die es ermöglichen, Spuren intelligenten Wirkens in der Organismenwelt zuverlässig zu erkennen. Bislang haben ID-Theoretiker mit *Irreduzibler Komplexität* (IC) und *Spezifizierter Komplexität* (SC) zwei Ansätze entwickelt, die das leisten sollen, während andere Konzepte über einen groben Entwurf noch nicht hinaus gekommen sind. Diese sollen hier nicht im Detail diskutiert werden, der interessierte Leser sei auf DEMBSKI & RUSE 2004 verwiesen, wo sowohl maßgebliche Kritiker als auch Befürworter dieser Ansätze zu Wort kommen.

Abseits irgendwelcher technischen Details zur Signalerkennung ist doch klar, dass solche Ansätze immer nur Wahrscheinlichkeitsaussagen bringen können: Eine absolute Garantie zur Richtigkeit des Ergebnisses kann es so nie geben. Man kann nicht ausschließen, dass es nicht doch irgendwo irgendwelche Mechanismen gibt, die von Signalerkennungsverfahren wie IC oder SC erkannte „Design-Signale" erzeugen können. Sogar wenn man definitiv ausschließen *könnte*, dass dies über auf „descent-with-modification" basierende Prozesse – d.h. evolutionäre Vorgänge – passieren kann: Wer sagt, dass es nicht auch andere Möglichkeiten gibt? Das Universum ist groß und komplex, die Zeiträume enorm – wer kann völlig ausschließen, dass es nicht auch andere Möglichkeiten gibt? Sollte man etwa die Hände in den Schoß legen und einen Designer als Erklärung einführen?

So könnte theoretisch bis in alle Ewigkeit argumentiert werden. Doch solche Positionen werden schlicht irrelevant, wenn es gelingt, dem „Design-Argument" über realistische Signalerkennungsmethoden ein immer höheres Maß an

Plausibilität zukommen zu lassen (und genau darauf zielen IC und SC ab). Um mehr als Plausibilitäten kann es in solchen Fällen ohnehin nie gehen.

Darüber hinaus geht der Schluss auf Design prinzipiell nicht mit der Positionierung der „Hände in den Schoß" einher, zumindest wenn es in den Bereich der *Untersuchung* geht. Signalerkennung wird umso zuverlässiger und glaubwürdiger, je *mehr* man über den jeweiligen Bereich weiß und je besser man ihn versteht (JUNKER 2005 zeigt dies anhand von IC auf). Denn dadurch wird es möglich, die Reichweite und Möglichkeiten ungelenkter Prozesse und somit die Wahrscheinlichkeitsstruktur von Ereignissen genauer zu beurteilen.

Wenn man die auf diesem Weg erkannte Leistungsfähigkeit ungelenkter Prozesse *vollständig* herausfinden könnte und sie mit dem vergleicht, was sich tatsächlich beobachten lässt, und wenn dann zumindest ein Rest bleibt, der jenseits der Leistungsfähigkeit ungelenkter Prozesse liegt, hat man den 100%igen Beweis für die Realität gerichteter Prozesse - Teleologie, Planung. Natürlich ist das utopisch, denn dazu müsste man absolute Erkenntnis besitzen. Ob der Wissensfortschritt soweit führt, kann man bezweifeln. Aber zumindest wird dieser zunehmend zeigen, ob die Schlüsse auf Design sich erhärten lassen oder widerlegt werden - ob der Anschein von Planung in der Biologie auf einem Mangel von Wissen beruht oder mit dem Wissensgewinn wächst.

4) Konsequenzen.

Der "Schluss auf Design" hat natürlich Konsequenzen bzw. Implikationen. Diese können sowohl weltanschauliche und gesellschaftliche Bereiche als auch die Wissenschaft betreffen. Damit steht er nicht alleine da, der Darwinismus ist davon genauso betroffen - etwa wenn er benutzt wird, die Grundlagen religiöser und moralischer Werte zu untergraben. Ein Blick in die Geschichte des Evolutionsgedanken zeigt eine Vielzahl von Verstrickungen in Angelegenheiten, die definitiv außerhalb der Wissenschaft liegen (siehe BOWLER 2003). Natürlich hat er auch die Wissenschaft geprägt - das Wort „Teleonomie" und der damit einhergehende Blickwinkel auf Organismen sowie die Interpretation der Ähnlichkeitsbeziehungen in der Organismenwelt sind nur zwei Beispiele.

Der Schluss auf Planung in Form des ID-Ansatzes auf der anderen Seite wird in den USA von verschiedenen Gruppen instrumentalisiert und in Argumentationsketten gegen die atheistische Weltanschauung verwendet oder in theistische Konzepte integriert. Wie in Kapitel fünf gezeigt, hat ID durchaus Möglichkeiten auf die Art biologischer Forschung Einfluss zu nehmen – etwa in Form einer explizit teleologischen Denkweise. Oder auch in Form von Fragen und Ansätzen, die die Forschung kanalisieren (siehe z.B. *Anhang A* sowie LÖNNIG 2004).

Der wesentliche Punkt ist: Die möglichen Konsequenzen bzw. Implikationen von Ansätzen kann man befürworten, ablehnen oder mit gemischten Gefühlen betrachten. An der Sache selbst ändert das nichts, genauso wenig wie übrigens Hinweise auf mutmaßliche Motive der Vertreter jeweiliger Ansätze.

Für ID-Vertreter gilt trotzdem, dass im Bereich „Konsequenzen" viel Arbeit zu leisten ist. Es gilt zu demonstrieren (und nicht nur zu theoretisieren!), dass ID eine positive Kraft in der biologischen Forschung ist (siehe Kapitel 11).

10. Aber ist das Wissenschaft?

Was überhaupt ist „Wissenschaft?" In Wirklichkeit ist das eine Frage, die schon auf den zweiten Blick nicht mehr so eindeutig zu beantworten ist, speziell was die Abgrenzung von Wissenschaft und Pseudo-Wissenschaft angeht (siehe MEYER 2002). Doch dieses Feld mit seinen komplexen Zusammenhängen überlasse ich gerne den Wissenschaftshistorikern und Philosophen. Ich denke, man kann unkompliziert zeigen, warum es billig und kontraproduktiv wäre, auf Planung basierende Erklärungen als "pseudowissenschaftlich" bei Seite zu räumen.

Wenn man ein Objekt oder einen Sachverhalt betrachtet, kann man verschiedene Fragen stellen, etwa: Wie interagiert das Objekt mit seiner Umwelt, wie wirkt sich dieser Sachverhalt aus? Wie ist das Objekt aufgebaut, was alles macht einen Sachverhalt aus? Woher kommt Objekt X? Wie kam Sachverhalt X ursprünglich zustande? Natürlich kanalisiert die Fragestellung auch die Antwortmöglichkeiten, aber zumindest bei den Fragen, die sich auf die Herkunft beziehen, gilt: So unterschiedlich die genauen Antwort im jeweiligen Fall sein mag, sie wird doch entweder auf ungelenkten Prozessen basieren oder Planung beinhalten.

Fällt etwa einer Person einmal der Hauptgewinn beim Lotto zu, ist das rein statistisch zu erklären. Bei einem mehrfachen Gewinn dieser Art fällt der Zufall als realistische Erklärung aus, und wenn die Person nicht plausibel machen kann, dass es irgendwelche unbekannten Naturgesetze sind, die sie bei Lottogewinnen bevorzugen, wird sie des Betrugs überführt werden. Anders gesagt: Es wird der Schluss auf Planung getätigt.

Oft wird behauptet, in der Wissenschaft müsse nach Mechanismen als Erklärung gesucht werden, nach wie auch immer gearteten ungelenkten Prozessen. Überhaupt können nur solche Erklärungen als „echte Erklärungen" gelten. Dahinter steckt das Prinzip des „methodischen Naturalismus": Aus methodischen

Gründen beschränkt man sich auf naturalistische Erklärungen. Dieses Prinzip hat sich sicher als sehr nützlich erwiesen, aber letztlich ist es nur eine Arbeitsmethode oder ein Werkzeug. Werkzeuge oder Arbeitsmethoden muss man jedoch nicht zwingend verwenden. Sie sind auch nicht immer gleichermaßen geeignet.

Bei Fragen nach der *Herkunft* wäre es sicher unklug, sich rein auf naturalistische Erklärungen zu beschränken. Denn diese Methode würde verhindern, Planung als mögliche Erklärung in Betracht zu ziehen. Auf einem Auge blind zu sein, weil man ein an sich erfolgreiches Werkzeug im falschen Kontext anwendet, kann nicht wünschenswert sein und würde zusätzlich die eigene Glaubwürdigkeit untergraben, sofern man dann diese „Blindheit" nicht deutlich macht. Das Werkzeug des „methodischen Naturalismus" wird in der Regel auch nicht auf die Ursprungsforschung ausgedehnt.

SETI-Forscher etwa fühlen sich nicht verpflichtet, *nur* naturalistische Erklärungen für eingehende Signale zu finden. Stattdessen versuchen sie anhand bestimmter Kriterien zu unterscheiden, welchen Ursprung solche Signale haben. Selbiges funktioniert auf vielen anderen Gebieten genauso, wie im vorhergehenden Kapitel schon angedeutet wurde. Die ID-Theorie ist in dem gleichen Sinne „Wissenschaft" wie das SETI-Programm oder andere Wissenschaftszweige, die zwischen Planung und intelligenzlosen Prozessen unterscheiden müssen.

Aber das Gebiet der biologischen Ursprungsfrage bietet spezielle Herausforderungen. Zum einen sind die betrachteten Objekte viel komplexer als etwa Signale aus dem All. Doch das ist lediglich ein technisches Problem - ID wird sicher nicht deswegen zur "Pseudowissenschaft", weil die Signalerkennung in der Organismenwelt unsicherer ist oder noch keine befriedigenden Verfahren dafür gefunden wurden (zumindest solche, welche Kritiker überzeugen können, die sich nicht aufgrund weltanschaulicher Vorentscheidungen gegen Design stellen). Genauso absurd wäre die Behauptung, SETI sei eine „Pseudowissenschaft", weil es bislang und möglicherweise bis in alle Ewigkeit keine (überzeugenden) Belege für die Existenz außerirdischer Intelligenzen liefern konnte/kann.

Schnelle Behauptungen, wonach ID keine Daseinsberechtigung in der Wissenschaft haben soll, erfordern schnelle Gegenargumente. Ein unter ID-Vertretern gebräuchlicher Argumentationsgang dieser Art sei hier angeführt: Der Mensch ist heute fähig biologische Waffen zu konstruieren („designen"). In einer nicht allzu fernen Zukunft könnten solche Waffen in Aktion treten, was sich im Ausbruch einer schlimmen Krankheit äußern würde. Woran stellt man nun fest, dass ein solcher Ausbruch in Wirklichkeit auf biologische Waffen und nicht auf normale Krankheitserreger zurückgeht? Vielleicht würden die Gedanken der Behörden durch die vernichtende Wirkung der Krankheit in Richtung eines geplanten biologischen Angriffs gelenkt. In jedem Fall müssten sich dann *Wissenschaftler* ins Labor begeben und nach konkreter positiver Evidenz dafür suchen, dass die Krankheitserreger, bzw. einige ihrer Aspekte, designed sind. Sie würden somit Organismen auf ID hin untersuchen! Niemand würde dann mit absurden Behauptungen kommen, dass dieses Unternehmen Religion und Philosophie, nicht aber Wissenschaft sei. Dabei gäbe es keinen methodischen Unterschied zwischen dieser Unternehmung und dem Unternehmen, welches nach ID im größeren Zusammenhang der biologischen Ursprungsfrage sucht. Lediglich die weltanschauliche Sprengkraft forensischer Untersuchungen im Bereich des Bioterrorismus wäre geringer, da hier immer noch *Menschen* als Verursacher in Frage kommen. Auch wäre ID bei Biowaffen vermutlich leichter aufzuspüren, da man hier *a priori* sehr konkrete Vorstellungen haben könnte, wie Hinweise auf Design aussehen, wobei andererseits die Möglichkeit des Versuches besteht, genau solche Hinweise raffiniert zu verschleiern. Nebenbei bemerkt: Am Ende könnte man wohl auch hier nicht zu hundert Prozent ausschließen, dass die Krankheitserreger nicht *doch* Produkte evolutionärer Prozesse sind. Auch in diesem Fall müsste man Plausibilitäten abwägen, und es wäre nicht sehr beeindruckend, wenn Personen dann argumentieren, dass der Schluss auf Design nur ein „Lückenbüßer" sei. Denn die Behörden würden sich sicher für die *beste Erklärung* interessieren. Und wenn diese auf einen intentionalen Ursprung der Krankheitserreger hindeutet, würde ein solides Fundament für die Suche nach den Tätern bestehen. Aber abseits solcher Details ist doch klar: Wenn die Frage nach Design in einem Bereich der Biologie (biologische Waffen) wissenschaftlich legitim ist, dann ist sie vom Ansatz her auch in einem anderen Bereich der Biologie (Ursprungsfrage) legitim.

Weiterhin ist das Gebiet ideologisch eine heiße Zone. Eine Ausdehnung des „methodischen Naturalismus" auf die Ursprungsfrage ist kontraproduktiv, da er hier den Horizont beschränkt, aber er ist sicher im Interesse eines *philosophischen* Naturalismus, für den Intelligenz wie alles andere ohnehin nur Resultat intelligenzloser, ungelenkter Prozesse ist. Man muss sich vorstellen, was es bedeutet, wenn ID auf die biologische Ursprungsforschung angewendet wird: Wenn auf *diesem Gebiet* Planung plausibel gemacht werden kann, dann kommt der Mensch als Verursacher *nicht* in Frage. Solange nur der Mensch als Urheber für intelligentes Design in Frage kommt, oder wenigstens als (einzig) plausibler Urheber, wird die ID-Frage sicher nicht zu einer ideologisch sonderlich heißen Zone. Aber wenn man im Fall der biologischen Ursprungsfrage Design nahelegt, ist das plötzlich völlig anders: Hier können Theisten naheliegenderweise Gott als Urheber ins Spiel bringen. Doch das sind lediglich (mögliche)

Implikationen des ID-Ansatzes und kein Argument dafür, ihn prinzipiell aus der Wissenschaft zu verbannen. Die Logik ist klar, denn ansonsten muss man konsequenterweise auch DARWINs Ursprungserklärung aus der Wissenschaft verbannen, die es laut Richard DAWKINS (1996, S.6) immerhin möglich macht, zum „intellektuell erfüllten Atheisten" zu werden und die von Anfang an bewiesen hat, dass sie in diversen weltanschaulichen Bewegungen ein bedeutender Faktor ist. Salopp gesagt: Ob die Einen ihre intellektuelle Erfüllung mit DARWIN erfahren oder die Anderen ID als Bestandteil rationaler Überlegungen, die sie zu Gott führen, begreifen, ist für die eigentlichen Fragen unerheblich.

Die Frage nach Planung und der Versuch, intelligenzlose Prozesse von Planung zu unterscheiden, ist sicher eine legitime wissenschaftliche Unternehmung. Es gibt keinen logischen Grund, weshalb dies am Gebiet der biologischen Ursprungsfrage anders sein sollte als etwa bei SETI. Die Wissenschaft ist selbst von dem Glauben getragen, dass es so etwas wie eine "objektive Realität" (=*Wahrheit*, abzugrenzen von der persönlichen Wahrnehmung der Dinge) gibt. Die Frage „Wie sind die Dinge wirklich?" ist doch letztlich der Motor für die Erforschung der Natur. Welcher aufrechte Wissenschaftler würde einen Ansatz präsentieren, wenn er nicht davon überzeugt wäre, dass er zumindest ein *kleines Stück* den tatsächlichen Gegebenheiten näher kommt? Diese Grundposition verträgt sich nicht damit, bestimmte Denkmöglichkeiten bezüglich der Herkunft einer Sache *a priori* auszuschließen - auch wenn die Gründe *vorgeblich* methodischer Natur sind.

Dass die Werkzeuge der Wissenschaft begrenzt sind, ist bei alledem klar. Doch sind sie so limitiert, dass eine Erkennung intelligenter Kausation *prinzipiell* nicht möglich ist? Wie ein Blick auf SETI und auch andere Gebiete zeigt, offensichtlich nicht. Wenn bezogen auf einen Aspekt der beobachtbaren Realität (Signale aus dem All) die Erkennung von Planung ein legitimes wissenschaftliches Unternehmen ist, dann gilt in einem anderen Bereich (Organismenwelt) dasselbe. Alles andere würde von Doppelstandards zeugen.

Das bedeutet noch lange nicht, dass ID auf wissenschaftlicher Ebene überzeugt hat, in dem Sinne als es ein wachsendes und erfolgreiches Forschungsprogramm generiert oder allgemein anerkannte Verfahren zur Signalerkennung für die Organismenwelt etabliert hat. Es bedeutet nur, dass man es nicht vorschnell mit der Kategorisierung „Pseudowissenschaft" vom Tisch fegen kann.

11. Fazit und Schluss

Die grundlegende Situation in der biologischen Ursprungsfrage kann man wie folgt umreißen: Eine "Theorie unintelligenten Designs", die aussagt, aller Anschein von Planung in der Organismenwelt sei tatsächlich bloßer - durch intelligenzlose Abläufe erzeugter - Anschein und welche versucht, dies zu begründen, steht gegen eine "Theorie intelligenten Designs", die den Anschein von Planung als real - auf eine planenden Instanz zurückgehend - ansieht und für diesen Realitätsgehalt Nachweise sucht. Beide Ansätze haben einen menschlichen Ursprung, kennen damit auch Motivationen, die über den Rahmen der Wissenschaft hinausgehen, und beide Ansätze werden in einer menschlichen Gesellschaft verfolgt, haben alleine schon daher Auswirkungen bzw. Implikationen, die weiter reichen, als rein wissenschaftliche Ansätze je könnten.

Die wesentliche Frage ist jedoch, für welche der beiden grundlegenden Ansätze nach *gegenwärtigem Wissenstand* die besseren Argumente sprechen. Die Aufgabe dieses Buches war es im Grunde nicht hauptsächlich, Argumente für letzteren Ansatz zu liefern, d.h. eine Argumentation für Planung aufzubauen. Vielmehr sollte aufgezeigt werden, dass es zwei verschiedene Ansätze gibt, die *beide* (im Kontext einer ernstzunehmenden Auseinandersetzung mit der biologischen Ursprungsfrage) Beachtung verdienen. Das ist nicht selbstverständlich, denn oft wird letzterer Ansatz ("intelligentes Design") aus einer ernsthaften Erwägung *a priori* ausgeschlossen und ersterer Ansatz ("unintelligentes Design") in einer Weise vertreten, die es prinzipiell als unsinnig oder waghalsig erscheinen lässt, an ihm zu zweifeln. Unter diesen Umständen kann es dann auch keine Frage nach den „besseren Argumenten" geben, vielmehr tritt Meinungsmonopolismus *de facto* an Stelle solcher anregender Fragen.

Das Ziel dieses Buches ist es also letztlich "nur", denen in der wissenschaftlichen Ursprungsdebatte einen Platz zu erkämpfen, die nicht von der "Theorie unintelligenten Designs" überzeugt sind und stattdessen den Ansatz verfolgen, dass Intelligenz ein realer Faktor in der Historie des Lebens auf der Erde war.

Für solche Menschen (ID-Vertreter) beginnt damit die eigentliche Arbeit erst. Sie gruppiert sich meiner Einschätzung nach schwerpunktmäßig um drei Gebiete und deren Wechselwirkungen:

(1) Signalerkennung. Die Entwicklung zuverlässiger Erkennungskriterien, welche für die Organismenwelt als Einsatzgebiet geeignet sind. Das ist der Bereich ID-Theorie an sich. Inwiefern bisher entwickelte Ansätze dem gerecht werden, ist Gegenstand von Diskussionen.

(2) Heuristik. Inwiefern kann das Konzept einer planenden Intelligenz als Motor für die biologische Forschung dienen? Wie lässt sich klar demonstrieren, dass es für den Erkenntnisfortschritt insgesamt förderlicher ist, von einer teleologischen Antwort auf die Ursprungsfrage auszugehen?

(3) GTID (siehe Anhang A). Signalerkennung erklärt nicht, wie es zur Organismenwelt kam, sondern legt ggf. nur nahe, dass Intelligenz ein entscheidender Faktor war. Das Ziel einer GTID ist es – aufbauend auf den verfügbaren naturwissenschaftlichen Daten – testbare Ansätze darüber vorzulegen, welche Rolle Intelligenz genau gespielt hat.

(4) Wechselwirkungen. Eine GTID benötigt eine solide und umfangreich angewendete Signalerkennung, aus der sich Hinweise auf ein Muster intelligenter Interventionen ableiten lassen (Sind nur einzelne molekulare Systeme designed? Oder ist die Ebene von Stämmen/Klassen/Grundtypen/... Ansatzpunkt für intelligentes Wirken? ...), sonst bleiben für diese nur Arbeitshypothesen. Eine GTID würde wiederum den heuristischen Wert von ID steigern usw.

Zusammenfassung

Stellt sich die Frage, was der Grund sein soll, diese Arbeit zu beginnen. Ich hoffe, ihn in diesem Buch hinreichend klar gemacht zu haben: *Es ist der massive Anschein von Planung in der Organismenwelt, der entgegen anderslautenden Behauptungen nicht durch ungelenkte Mechanismen erklärt werden konnte.* Was bedeutet, dass der Anschein nach wie vor im Raum steht und Beachtung verlangt. Diese Beachtung muss sich nicht notwendigerweise in dem Versuch äußern, den Anschein von Planung als Illusion zu entlarven – getreu dem Untertitel von DAWKINS Klassiker (1996): *„Why The Evidence Of Evolution Reveals A Universe Without Design".* (Diese „Enthüllung" wird allgemein durch die Präsentation eines Mechanismus versucht, durch die Argumentation mit Dysteleologie argumentativ verstärkt und mit dem Versuch Design aus formellen (wissenschaftstheoretischen) Gründen *a priori* als Erklärung für den Ursprung auszuschließen, garniert. Keine dieser Strategien ist sehr überzeugend, wie ich hoffe gezeigt zu haben.)

Die Beachtung kann sich auch dahingehend äußern, dass man versucht, den Anschein von Planung zu erhärten, wie es ID-Vertreter tun.

So zu tun, als wäre der "Schluss auf Planung" und die Entwicklung von ID-Ansätzen rein durch persönliche bzw. religiöse Gründe motiviert oder ein gesellschaftliches Phänomen, lenkt vom oben genannten wesentlichen Grund ab. Das soll nicht heißen, dass es solche Faktoren nicht gibt, sondern dass sie am Ende sekundär sind (auch wenn sie die immense Popularität von ID in manchen Gegenden/Bevölkerungsschichten sicher weitgehend erklären). Der Kristallisationskeim für ID liegt in der Beschaffenheit der beobachtbaren Dinge und der daraus abgeleiteten Schlüsse.

Am Ende meiner Betrachtung steht daher folgender Schluss:

Es ist nicht die Weltanschauung, die Menschen dazu bewegt, in der Organismenwelt Planung zu sehen. Denn das tun Menschen, die sich gegen den Schluss auf Planung stellen, offensichtlich genauso. Es ist aber möglicherweise die Weltanschauung, die die einen Menschen dazu bewegt, den Anschein von Planung um jeden Preis auszuräumen, als Illusion bloßzustellen, während sie andere Menschen dazu motiviert, dem Anschein von Planung nachzugehen und Argumente für seinen Realitätsgehalt zu sammeln.

Darum wäre es naiv, zu denken, man könne ID mit Verweis auf mutmaßliche Motivationen und potentielle Implikationen abtun – die *„design-like nature of the organic world"* (RUSE 1998) stellt solche Gedanken als unzureichend bloß. □

Anhang A: Eine Generaltheorie Intelligenten Designs

Das Muster des Lebens: Vom Aufbau auf mikroskopischer und makroskopischer Ebene bis hin zur Ebene des Verhaltens; die Unterteilung des Lebens in Gruppen und daran geknüpfte Baupläne, die Ähnlichkeiten und Unterschiede zwischen diesen – und die fossile Überlieferung des Lebens in der Vergangenheit.

Die ID-Theorie erklärt das Muster des Lebens *nicht* (wie Kritiker sinngemäß berechtigt feststellen, siehe KORTHOF 2004, S.47). Sie sucht in diesem Muster nach Hinweisen auf Planung, aber sie erklärt nicht wie es dazu kam – warum ist das Muster so wie es ist? Letzteres ist für sie als Signalerkennungstheorie auch nicht das Aufgabengebiet. Aber sie ermöglicht – sofern sie (wie es scheint) Hinweise auf Planung liefert – eine Frage: Was ist die Beziehung zwischen dem "Muster des Lebens" und intelligentem Design? Was ist der "Modus des Designs" bzw. der Schöpfungsplan – gibt es überhaupt Hinweise auf einen *einheitlichen* Schöpfungsplan, oder ist hier kein Muster erkennbar? ...

Der Grundgedanke ist nicht neu. Walter James REMINE hat ihn bereits in seinem 1993 erschienenen Buch *„The Biotic Message"* behandelt. REMINEs Ansatz nennt sich *Message-Theory* und ist ein Versuch, das Lebensmuster unter dem Gesichtspunkt intelligenten Designs zu erklären. In einer testbaren Form und rein auf Basis wissenschaftlicher Daten sowie logischer Schlüsse daraus. REMINE (2004, pers.comm.) hat den Kerngedanken seines Konzepts so erläutert:

"In order to have empirical risk (or testability), there must be predictions (drawn from an explanatory theory). In the case of ID theory, that REQUIRES that we read -- FROM THE DATA -- the intentions of the designer."

„From the Data" – was bedeutet, dass auch eine GTID dieselbe grundlegende Herangehensweise hat wie die ID-Theorie: Sie basiert auf Naturbeobachtung

und Schlüssen daraus, im Gegensatz zu einer Schöpfungslehre, die letztlich stets auf Offenbarung als Quelle beruht.

In letzter Zeit sind immer wieder Überlegungen getätigt worden, die wie REMINEs *„Message Theory"* in den Bereich einer "Generaltheorie Intelligenten Designs" (GTID) fallen würden, hier aber nicht diskutiert werden sollen (siehe z.B. MEYER *et al.* 2003 speziell ab S.383, LÖNNIG 2004). Möglicherweise können hier auch andere Konzepte, wie beispielsweise das ursprünglich von der biblischen Schöpfungslehre inspirierte „Grundtypkonzept" (SCHERER 1993), integriert werden.

Das „Muster des Lebens" wird heute allgemein als Produkt eines ungelenkten „descent-with-modification"-Prozesses betrachtet und in diesem Sinne erklärt. Die ID-Theorie kann mit Hinweisen auf Planung den Anstoß geben, diese Perspektive grundlegend zu ändern. Ob das geschieht, hängt ganz alleine davon ab, wie gut es gelingt, die ID-Theorie - genauer, die von ihr gelieferten Hinweise auf Planung und die daraus resultierende Perspektive mit den ihr eigenen Fragestellungen - zur Geburtshelferin neuer testbarer Ansätze betreffend der Erklärung des Lebensmusters zu machen.

Wenn es gelingt, eine GTID zu formulieren, existiert eine Erklärungsmöglichkeit für das Lebensmuster, die ähnlich *umfassend* wie die allgemeine Evolutionstheorie ist und wie diese - glaubt man ihren Verfechtern - rein auf wissenschaftlichen Daten und deren Interpretation in Form testbarer Theorien beruht.

Wer unzufrieden mit den gängigen Erklärungen für das Lebensmuster ist und gleichzeitig den Schluss auf ID für berechtigt und plausibel hält, muss sich zwangsläufig fragen, ob das eine nicht mit dem anderen verknüpft werden kann. Im Ganzen wird das auch darauf hinauslaufen, dass man sich über die Intentionen der planenden Instanz Gedanken macht (ganz in der Tradition von REMINE). Das geht deutlich über die ID-Theorie an sich hinaus, und ich bin mir sicher, dass dieses Unterfangen auch unter ID-Vertretern auf Skepsis stößt. Aber nur für Planung zu argumentieren ist eine Sache, die Konsequenzen daraus zu ziehen eine andere.

Analog dazu, werden sich Forensiker auch nicht mit der Feststellung begnügen, dass ein Mord (und somit eine intelligente Intervention) Ablebensursache war, sondern die Hintergründe des Mordes erforschen wollen.

Sowohl in der Forensik als auch in der Biologie und auf anderen Gebieten beginnt mit dem (an sich schon faszinierenden) Schluss auf Design das wirkliche Abenteuer erst - es ist der erste Schritt zu neuen Fragestellungen und Perspektiven. Im Bereich der Biologie muss sich erst noch zeigen, wohin das konkret führt (siehe DEMBSKI 2004, Kapitel 43 u. 44) und wie die Forschung davon profitieren kann. Doch ungeachtet dessen gibt es Gründe zu hoffen, dass auch für ID gilt, was François JACOB 1977 geschrieben hat:

„Scientific advances often come from uncovering a hitherto unseen aspect of things as a result, not so much of using some new instrument, but rather of looking at objects from a different angle." (S.1161)

JACOB hatte sich bezüglich des „Blickwinkels" definitiv keine ID-Perspektive vorgestellt. Doch angesichts der Tatsache, dass der Anschein von Planung in der Organismenwelt seit Darwin nicht als Illusion entlarvt wurde und dass alles was man seither über die Komplexität des Lebens gelernt hat, diesen Anschein weiter verstärkt, ist es absolut naheliegend, es mit dieser Perspektive zu versuchen.

Anhang B: Wer schuf den Designer? – Infiniter Regress?

Es gibt ein Argument, welches oft dazu dient, ernsthafte Debatten über Design in der Organismenwelt schon im Vorfeld auszuräumen. Dieses Argument manifestiert sich oft in Gestalt der Frage „Wer schuf den Designer?". Manchmal wird gerade so getan, als würde diese simple Frage die ganze Diskussion zu Ungunsten des Schlusses auf Planung entscheiden. Der Hintergrund der Frage ist, dass behauptet wird, wenn man für komplex organisierte (teleologische) Systeme einen Designer postuliere, müsse man folgerichtig auch annehmen, dass der Designer komplex organisiert und teleologisch strukturiert ist. Daraus ergibt sich – der Logik derer folgend, die einen Designer im ersten Fall postuliert haben –, dass der Designer einen Designer benötigt. Das geht immer so weiter, und ein infiniter Regress lässt sich nicht vermeiden. Dadurch wird der Schluss auf Planung und damit auf eine planenden Instanz (Designer) unattraktiv, da diese Antwort die Frage in Wirklichkeit nur weiter nach hinten verschiebt und zu absurden Konsequenzen führt.

Richard LEWONTIN (2005) formuliert den Einwand so:

„The problem is that if the living world is too complex to have arisen without an intelligent designer, then where did the intelligent designer come from? After all, she must have been as complex as the things she designed. If not, then we have evolution! Otherwise we must postulate an intelligent designer who designed the intelligent designer ..."

Speziell zu LEWONTINs Formulierung des Einwandes ist anzumerken, dass es nicht um „Komplexität" geht. Komplexität ist immer nur eine Komponente in Argumenten für Design, wo es stets um spezielle Arten von Komplexität geht (d.h. Komplexität in Wechselbeziehung zu anderen Faktoren), die letztlich auf einen teleologischen Hintergrund hinweisen. Hier vereinfachend von „Komplexität" zu reden, täuscht darüber hinweg, dass Argumente für Design sehr spezifisch sind.

Jetzt zu den Gründen, weshalb solche Regress-Argumente nicht überzeugen.

Zunächst: Wer in seinem Garten vier Holzstöcke bemerkt, die so im Gras liegen, dass sie ein klar erkennbares Rechteck bilden, wird vermutlich darüber nachdenken. Da wohl niemand einen Mechanismus oder Gesetzmäßigkeiten kennt, die solche Muster bilden und die Wahrscheinlichkeit für eine solche Anordnung durch Zufall extrem gering ist, wird am Ende nur noch der Schluss auf Planung bleiben: Hier hat ein Designer interveniert. Die Konsequenzen dieses Schlusses können sehr unangenehm sein. Es könnte bedeuten, dass sich jemand unbefugt Zutritt zum Garten verschafft hat. Wer könnte das gewesen sein? Warum könnte er das getan haben? Ist eine Antwort auf diese Fragen überhaupt möglich? Man sieht schon: Es entstehen unter Umständen Unmengen an Fragen als Konsequenz des simplen Schlusses auf Planung. Doch dieser Sachverhalt ist kein zulässiges Argument, diesen Schluss von vornherein *nicht* zu tätigen. Würde man es trotzdem tun, könnte man möglicherweise eine gewisse intellektuelle Faulheit erkennen lassen, oder aber zumindest Scheu vor möglichen Konsequenzen. Diesen unangenehmen Beigeschmack wird auch der argumentative Unterbau der Frage „Wer schuf den Designer?" nicht los: Wenn es gute Anhaltspunkte für Design gibt, so sollte man nicht aufgrund von (tatsächlichen oder imaginären) Konsequenzen davor zurückschrecken. Sogar wenn der Preis sein sollte, dass man manche, aus dem Schluss auf Planung resultierende Fragen, überhaupt nie lösen kann. Möglicherweise bekommt man ja auch nie heraus, wer warum die Holzstücke im Garten so angeordnet hat.

Davon ganz abgesehen: Woraus ist eigentlich abzuleiten, dass der Schluss auf einen Designer im Fall der biologischen Ursprungsfrage auf einen unendlichen Regress hinausläuft? Der oben zitierte LEWONTIN benutzt in diesem Bereich einen Trick: Er spricht pauschal von „Komplexität". Doch abgesehen davon, dass „Komplexität" an sich nur *ein* Faktor in Design-Argumenten ist, ist die Frage, ob die Art „Komplexität", die beobachtbar ist und die zum Schluss auf Design bewegt, auch bei der planenden Instanz vorhanden sein muss. Beispiel: In der Biologie wird von einem synorganisierten System ausgehend auf Planung geschlossen, letztlich da es echte Teleologie aufzuweisen scheint. Das weist auf einen intelligenten Ursprung hin. Und jetzt? Ist es etwa zwingend anzunehmen, dass die dahinter stehende Intelligenz ebenfalls solche Systeme aufweist, die ihrerseits wiederum geplant sein müssten? Ist es zwingend anzunehmen, dass die Art „Komplexität", die bei X (z.B. organismischen Systemen) zum Schluss auf Design führt, auch beim Designer vorhanden ist? Definitiv nicht (und unten werden zwei Designer-Vorstellungen besprochen, die das in der Praxis demonstrieren). LEWONTINs Argumentation baut jedoch darauf auf, dass das was er mit „Komplexität" bezeichnet, in beiden Fällen gleichartig ist. Damit vertritt er implizit sehr konkrete Vorstellungen von der planenden Instanz: Der Designer ist so strukturiert wie die Sachverhalte, die auf seine Existenz schließen lassen. *Wenn* er so strukturiert ist, hat man natürlich das Problem, dass er ebenfalls einen Designer benötigt. Aber warum sollte man postulieren, dass der Designer genau so beschaffen ist, dass ein Regress-Einwand, wie LEWONTIN ihn bringt, seine Wirkung entfaltet?

Zunächst zwei Vorstellungen der planenden Instanz, um grundsätzlich zu zeigen, dass es Szenarios gibt, wo Regress-Einwände nicht zutreffen:

a) Der Designer existiert *innerhalb* der Natur (klassisch: Außerirdische, die Hoffnung des SETI-Programms). Wenn der Ursprung der Organismenwelt *auf der Erde* augenscheinlich nicht durch rein umgelenkte Prozesse erklärbar ist und der Schluss auf Design zwingend erscheint, welchen Sinn hat es dann, dies auf das Wirken einer außerirdischen Intelligenz zurückzuführen, die doch gleichfalls wieder auf eine Intelligenz zurückzuführen ist, weil sie ebenfalls komplex organisiert und teleologisch strukturiert sein muss, um uns zu schaffen? Das führt in den unendlichen Regress. Allerdings nur auf Basis einiger Voraussetzungen, nämlich dass diese außerirdische Intelligenz uns, bzw. dem Leben auf unserem Planeten, ähnlich ist und den gleichen Gesetzmäßigkeiten und Rahmenbedingungen unterliegt, also somit ebenfalls – soweit man das beurteilen kann – nicht unter den bekannten Gesetzmäßigkeiten entstehen kann. Aus diesen Bedingungen für das Argument des „unendlichen Regresses" lässt sich auch der Ausweg daraus ableiten: Man könnte spekulieren, dass diese „außerirdische Intelligenz" so beschaffen ist, dass sie eben doch durch ungerichtete Prozesse entstehen konnte und vielleicht am Entstehungsort dieser Intelligenz andere Gesetzmäßigkeiten und Bedingungen herrschen/herrschten, als wir es in unserer Gegend beobachten können. So kann man den „unendlichen Regress" in diesem Szenario vermeiden - theoretisch jedenfalls. Der Ansatz ähnelt vom Prinzip her übrigens dem Konzept der Panspermie, welches davon ausgeht, dass Lebenskeime irgendwo im Weltall entstanden sind und dann die Erde erreicht haben. Dieses Konzept wird dadurch motiviert, dass Szenarios zur Lebensentstehung unter irdischen Bedingungen mit schwerwiegenden Problemen konfrontiert sind. Die Vorstellung einer Abiogenese irgendwo im All würde eine größere Freiheit bei der Konstruktion entsprechender Szenarios ermöglichen. KLYCE & WICKRAMASINGHE (2003) schreiben, nachdem sie einige Problembereiche evolutionärer Ursprungsszenarien skizziert haben:

„A scientific solution is possible if Earth's biosphere is open to biological input from elsewhere. Within the last decade, mainstream science has admitted the possibility that life on Earth may have been seeded by germs from space - the basic panspermia theory." (S.546)

Im selben Sinne könnte man argumentieren, dass die irdische Organismenwelt designed wurde und die Entstehung des Designers in die „unendlichen Weiten" verlegen. Beide Konzepte kann man als Problemverschiebungen betrachten. Aber sofern gute Argumente dafür existieren, ist das eine legitime Vorgehensweise. Wenn man wenigstens vom Prinzip her für Panspermie argumentieren kann, ist es auch möglich, für Planung zu argumentieren und die Herkunft der planenden Instanz offen zu lassen, sie liegt eben *„elsewhere"*. Meiner Meinung nach kann das Szenario eines innerweltlichen Designers nach Alien-Art derzeit zwar prinzipiell dem Regress-Einwand entgehen, ist aber in praktischer Hinsicht nicht immun dagegen. Denn greifbar würde dieses Szenario erst, wenn etwa gezeigt würde, dass am Entstehungsort der außerirdischen Intelligenz „andere Gesetzmäßigkeiten und Bedingungen herrschen/herrschten" (Warum sollte es dort so anders aussehen?) oder wie genau sie beschaffen sein muss, um unter den bekannten Bedingungen durch ungerichtete Vorgänge zu entstehen.

b) Der Designer existiert *außerhalb* der Natur: In diesem Fall greift die Logik des Arguments prinzipiell nicht. Sämtliche Argumente, die sich gegen eine ungerichtete Entstehung komplexer teleologischer Systeme richten, beziehen sich auf „unsere" beobachtbare, materielle Welt und die in ihr herrschenden Gesetzmäßigkeiten bzw. auf die Beobachtung dieser Gesetzmäßigkeiten. Solche Argumente in Bezug auf einen außerhalb der Natur stehenden Designer fortzusetzen wäre absurd, da die Basis nicht gegeben ist. Damit ist es im Falle eines außerhalb der Natur stehenden Designers *a priori* unmöglich zu argumentieren, dass der Designer einen Designer benötigt und somit ein infiniter Regress die Folge ist. Argumente mit denen für Planung bezogen auf materielle Strukturen/beobachtbare Sachverhalte argumentiert wird, haben grundsätzlich keine Basis, wenn das Objekt dessen Ursprung zur Diskussion steht (in diesem Fall eine planende Instanz), außerweltlich ist.

Man könnte sich auch noch andere Konzepte zur planenden Instanz vorstellen, aber ein Regress ist wohl in jedem Fall zumindest theoretisch vermeidbar, oder das Argument ist von vornherein nicht anwendbar.

Damit ist gezeigt, weshalb das durch die Frage „Wer schuf den Designer?" verkörperte Argument nicht als Einwand gegen den Schluss auf Planung geeignet ist. Fazit:

1) Gilt es den Schluss auf Planung und daraus resultierende Konsequenzen zu trennen. Denn dieser Schluss fällt grundsätzlich nicht, nur weil daraus Fragen resultieren, die möglicherweise unlösbar sind (oder Denkfehler, die unlösbare Fragen generieren...).

2) Der Hinweis auf einen unendlichen Regress impliziert, dass die Logik von Design-Argumenten auch auf den Designer anwendbar ist. Doch das setzt spezielle Vorstellungen von der Beschaffenheit des Designers voraus, wie LEWONTIN pauschal von „Komplexität" zu sprechen, täuscht darüber nur hinweg. Es gibt keinen Grund anzunehmen, dass der Designer ausgerechnet so beschaffen ist, dass der Regress-Einwand greift. Daneben gibt es zahlreiche Vorstellungen von der Beschaffenheit des Designers, die einen infiniten Regress vermeiden (siehe z.B. a) & b)).

Etwas anders formuliert:

Der Regress-Einwand basiert auf dem Zaubertrick, die Logik von Design-Argumenten, welche sich auf BEOBACHTBARES beziehen, auf einen Designer anzuwenden, der NICHT direkt BEOBACHTBAR ist (vor allem nicht der für das Argument relevante Part: Seine Beschaffenheit). Das ganze Argument funktioniert nur, wenn man die Vorstellung von der Beschaffenheit des Designers so konzipiert, dass ein unendlicher Regress provoziert wird. Damit erledigt sich der Einwand klarerweise, darüber hinaus noch weiter anzuführen, dass der dahintersteckende Argumentationsstil (der Evidenz aufgrund möglicher Konsequenzen nicht zu folgen) schlecht ist oder Szenarios zu erläutern, die einen Designer ohne Regress-Gefahr implizieren, ist lediglich die Kür.

Was argumentationstaktisch gesehen bedeutet, dass dieses Argument nicht einmal ausreichend ist, um Vertreter des Design-Arguments in Zugzwang zu bringen. Man muss darauf eben nicht mit speziellen Konzepten eines Designers kontern, denn das Regress-Argument selbst basiert auf speziellen Vorstellungen eines Designers. Es reicht völlig, darauf hinzuweisen, dass man die impliziten Designer-Vorstellungen des Regress-Einwands nicht teilen muss.

Zugegeben: Wenn die Frage „Wer schuf den Designer?" nur im Sinne der Frage „Woher kommt der Designer?" gemeint war, sind meine obigen Ausführungen keine Antwort. Die Beantwortung dieser Frage ist auch nicht Aufgabe des ID-Konzepts und dem Schluss auf Planung logisch nachgelagert. Trotzdem hier einige Gedanken, die vor allem im Kontext des Regress-Einwandes interessant sind.

Bekanntlich hat ja alles, was einen Anfang hat, auch eine Ursache. Etwas, das keinen Anfang hat, hat auch keine Ursache. Wenn man annimmt, dass der Designer keinen Anfang hat, benötigt er keine Ursache, und Fragen nach der Herkunft des Designers sowie jegliche Möglichkeit eines infiniten Regresses verflüchtigen sich. Natürlich leite ich diese Meinung über die planende Instanz nicht vom Schluss auf Design ab. Ich kenne keinen rein logischen Weg, der mich vom Schluss auf Design bei bestimmten organismischen Systemen zu einen Designer ohne Anfang hinführt. So einen Designer kennt man z.B. aus der Bibel, die Sache fällt in den Bereich der Religion.

Der Gedanke an etwas ohne Anfang und somit Ursache erscheint zwar sehr gewagt, aber er ist ohnehin unvermeidlich - mit oder ohne Designer. Auch wenn man davon ausgehen möchte, dass das Universum aus der Schwankung eines Quantenvakuums spontan entstanden ist, so verschiebt man die ultimative Frage („Warum existiert etwas und nicht vielmehr nichts?") nur: Selbst ein Quantenvakuum ist nicht nichts, auch wenn der Begriff „Vakuum" die Vorstellung transportiert, dass nichts da ist. In Wirklichkeit bezeichnet der Begriff Quantenvakuum ein Quantenfeld in seinem Grund - oder niedrigsten Energiezustand. Ein Quantenvakuum ist also nicht „nichts", denn damit sich ein Feld in seinem Grundzustand befinden kann, muss es logischerweise zuerst mit seinen Masse-, Energie- u.ä. Eigenschaften existieren. Es stellt sich natürlich auch die Frage nach dem Ursprung der Gesetze, die ein derartiges Vakuum beherrschen (siehe LENNOX 2003, S.60). Anschließend die Frage nach dem Ursprung dieses Ursprungs, dessen Ursprung erneut Fragen nach seinem Ursprung aufwirft, der seinerseits wieder einen Ursprung haben muss, der ohne einen Ursprung mit Ursprung nicht auskommt... - ein unendlicher Regress. Alles müsste einen Anfang und somit eine Ursache haben. Sofern man nicht gerade annehmen möchte, dass aus *absolut nichts* etwas entsteht, zwingt einen die simple

Tatsache, dass offensichtlich etwas existiert, zu der Annahme, dass irgend etwas schon immer dagewesen sein muss.

Letzterer Gedanke wird nicht erst mit einem ursachenlosen Designer ohne Anfang eingeführt. In der Wissenschaft wurde früher die Vorstellung eines Universums ohne Anfang vertreten, und auch heute ist diese Idee nicht verschwunden, was übrigens keineswegs rein auf wissenschaftlichen Daten beruhende Gründe hat. John MADDOX (1989) etwa hat nicht nur wissenschaftliche Einwände gegen die Urknalltheorie. Seine markante Aussage, dass die Urknalltheorie das Hubble-Teleskop wohl nicht überleben wird, nährt sich auch daraus, dass er das Konzept eines „Big-Bang" als *„philosophically unacceptable*" ansieht. Ähnlich berichtet FERGUSON (2001):

„Als ungeachtet der persönlichen Präferenzen verschiedener Wissenschaftler bewiesen war, daß das Universum sich tatsächlich ausdehnt, legten Herman Bondi, Tom Gold und Fred Hoyle die „Steady-State-Theorie" vor - eine Erklärung für die Ausdehnung des Universums, die ohne die Annahme auskommt, das Universum habe einen Anfang gehabt. (...) *Aus Gründen, die nicht das geringste mit wissenschaftlicher Objektivität zu tun haben, war die Urknall-Theorie eine zu bittere Pille, und manche Forscher wollen sie bis heute nicht schlucken.*" (S.117)

Für viele Wissenschaftler ist also die Vorstellung eines Universums *ohne Anfang* grundsätzlich akzeptabel, und wenigstens teilweise aus ideologischen Gründen besteht sogar Widerstand gegen eine Theorie, die in eine andere Richtung deutet (d.h. in Richtung eines Universums mit Anfang). Wenn aber grundsätzlich ein Universum ohne Anfang akzeptabel ist, so trifft das auch auf einen Schöpfer ohne Anfang zu, egal ob weltanschauliche Gründe bei solchen Vorstellung ausschlaggebend sind oder zumindest mitspielen. Die Vorstellung eines Designers ohne Anfang und Ursache ist also grundsätzlich eine Antwort auf die Frage nach der Herkunft des Designers. Sie wird aber nicht benötigt, um das hinter der Frage „Wer schuf den Designer?" angesiedelte Argument gegen den Schluß auf Planung zu entkräften.

Anhang C: Schöpfungsbasierte Argumente für Evolution

Die Universalität des genetischen Codes ist ein klassisches Argument für Evolution im Sinne einer gemeinsamen realgenetischen Abstammung aller Organismen auf unserem Planeten. Vorweg: Wie im Haupttext gezeigt wird, greifen Argumente für Design auf der Mechanismenebene an, was bedeutet, dass Hinweise auf Design nicht notwendigerweise damit einhergehen müssen, dass deswegen *keine* universelle gemeinsame Abstammung aller Organismen von einer Urform vorliegt (tatsächlich vertreten viele ID-Theoretikern die Theorie einer gemeinsamen Abstammung). Diese Anmerkung scheint mir hier angebracht, da im folgenden eine spezielle Schöpfungs*methode* – die *getrennte* Erschaffung der Arten (bzw. von Grundtypen) –, im Zuge von pro-evolutionären Argumenten, ins Spiel gebracht wird.

„*Who doubts evolution?*" ist der herausfordernde Titel eines lesenswerten Artikels von Mark RIDLEY. Er versucht dort darzustellen, dass die Evidenz für Evolution nicht wesentlich auf dem Fossilbericht beruht, sondern auf anderen Daten und Argumenten. Der Artikel ist primär als Herausforderung an die Haltung der Kreationisten in Zusammenhang mit Evolution gedacht. RIDLEY bringt darin auch ein wichtiges Argument, welches sich vom Prinzip her bis heute als Evidenz für Evolution (im Sinne einer universellen gemeinsamen Abstammung) an populärer Stelle hält: Die Einheitlichkeit des genetischen Codes. Hier das Argument im Zusammenhang:

„*The simple fact that species can be classified hierarchically into genera, families and so on, is not an argument for evolution. It is possible to classify any set of objects into a hierarchy whether their variation is evolutionary or not. It is the kind of characters on which the biological taxonomy is based which implies that the hierarchy is the result of common ancestry rather than the clustering of independently created species.*"

Was ist nun dieser Hinweis darauf, dass die Ordnung in der Organismenwelt evolutionär bedingt ist? RIDLEY schreibt weiter:

„The taxonomic characters shared by species are not all shared because of common needs for survival. The point is most easily made by an example. It is a rather exceptional one to use, but it makes the point very clearly. My example is the universality of the genetic code. DNA carries its information in the form of a four-letter code; combinations of these letters stand for different amino acids. The genetic code is arbitrary in the same way that the English language is. There is nothing about a lion which demands that it is called a lion rather than any other sequence of letters. There is nothing about a glycine molecule which causes it to be encoded by the base triplet GGC rather than any other."

Die Tatsache, dass der „genetische Code" ein echter Code ist (d.h. er beruht nicht auf irgendwelchen physikalisch-chemischen Notwendigkeiten, sondern könnte im Prinzip auch anders beschaffen sein), spielt in RIDLEYs Argument eine interessante Rolle:

„However, although all humans do not share the same language, all organisms do share the same genetic code. (The few minor differences in the genetic code of mitochondria do not affect my argument.) If all species had been created separately there is no reason why they should all have been created with the same genetic code. The more likely explanation is that all organisms derive their code by descent with modification from a common ancestor. The example is important because it suggests that all life on Earth had a single origin." (S.832)

Die Daten:

Alle (bekannten) Organismen teilen den gleichen genetischen Code – abgesehen von einigen Ausnahmen, die nach aktuellem Wissenstand übrigens nicht „nur" mehr die Mitochondrien-DNA betreffen. Die Universalität des genetischen Codes ist dadurch zwar geschwächt, aber im Prinzip stimmt es noch (?) immer zu sagen, dass alle Organismen grundsätzlich denselben genetischen Code teilen.

Ridleys Interpretation:

1) Das Leben auf der Erde hatte einen *einzigen* Ursprung.

2) Der Code wurde durch realgenetische Abstammung weitergegeben.

3) Wären die Arten separat geschaffen worden, gäbe es keinen Grund für einen gemeinsamen Code.

Einige kritische Anmerkungen:

A) RIDLEYs *Pro*-Argument für die Erklärung der Universalität des genetischen Codes, durch die Abstammung aller bekannten Organismen von einem gemeinsamen Vorfahren, beruht auf Annahmen darüber, wie ein Schöpfer in diesem Punkt hätte handeln müssen. Mutmaßungen über die Handlungsweise eines Schöpfers (die, nebenbei bemerkt, auf der biblischen Genesis beruhen, jedenfalls leitet sie RIDLEY nirgendwo anders her, und der Kontext seiner Ausführungen legt es nahe) dienen so als Argument für die Theorie der gemeinsamen Abstammung. Es versteht sich von selbst, dass eine auf Schöpfungs-Auffassungen basierende pro-evolutionäre Argumentation grundsätzlich auch auf der Ebene des Schöpfungsverständnisses angreifbar ist.

B) Die Universalität des genetischen Codes (g.C.) ist angeblich ein Problem für das Szenario einer separaten Erschaffung der Arten (s.E.) – laut RIDLEY gäbe es in diesem Szenario keinen Grund dafür. Logische Umkehr: Was bedeutet die Universalität des g.C. in einem evolutionären Szenario? Die Universalität des g.C. würde in diesem Fall von Mechanismen erzeugt, im Kontrast zum s.E.-Szenario, wo ein Schöpfer die Rolle der Mechanismen innehat. Damit dreht sich der Spieß um – RIDLEY stellt in Frage, ob der Schöpfer für die Universalität des g.C. verantwortlich ist und ich stelle hier in Frage, ob derzeitige Vorstellungen zur Entstehung des g.C. einen universellen g.C. erwarten lassen.

Ältere Auffassungen zur Entstehung des genetischen Codes, wonach dieser ein Zufallsprodukt sei (die Zuordnung der Codons zu Aminosäuren sei zufällig geschehen und dann „eingefroren" worden, da jede Veränderung des Verschlüsselungssystems fatale Folgen gehabt hätte), würden RIDLEYs Position unterstützen, da in diesen Fällen tatsächlich ein universeller g.C. zu erwarten wäre. Die ungerichteten Prozesse, welche mutmaßlich zur Entstehung des g.C. führten, harmonisieren in diesen Fällen perfekt mit dem beobachteten Muster der Universalität des g.C. Die Ausnahmen vom universellen g.C. könnte man immer noch gesondert erklären, sie wären zwar völlig unerwartet, aber nicht vernichtend für diese Konzepte. Doch so simpel liegen die Dinge nicht, mir fallen zwei „Schönheitsfehler" auf:

+ Es könnte sein, dass die Frage aus einer zu eingeengten Perspektive betrachtet wird. Sollte man nicht bei Szenarien zur Abiogenese beginnen, um die umfassendere Frage zu beantworten, ob naturalistische Urspungskonzepte allgemein eine einmalige oder mehrfache Entstehung des Lebens auf der Erde nahelegen? Wenn eine mehrfache unabhängige Entstehung des Lebens auf der Erde plausibel oder zumindest möglich wäre, folgt daraus, dass es durchaus möglich wäre, heute auf Lebensformen mit erheblich verschiedenen genetischen Codes zu stoßen. In diesem Fall hätte das Leben auf der Erde eben keinen gemeinsamen Ursprung. Das wäre kein Problem für naturalistische Ursprungstheorien allgemein, lediglich in Bezug auf Szenarien zur gemeinsamen Abstammung müsste sich einiges ändern.

+ Die Vorstellungen zur naturalistischen Entstehung des g.C. haben sich geändert. Stephen J. FREELAND und Laurence D. HURST (2004) haben aktuelle Auffassungen dazu dargestellt. Überlegungen zur Optimalität des g.C. haben zusammen mit anderen Hinweisen (etwa den Abweichungen vom Standardcode) dazu geführt, dass der g.C. nun selbst als Evolutionsobjekt gesehen wird (und nicht nur die von ihm codierte Information). FREELAND & HURST schreiben z.B.:

„Eine so erstaunliche Fehlertoleranz kann kein Zufall sein, sondern spricht klar für eine Optimierung durch evolutionäre Selektion. Möglicherweise gab es einst viele verschiedene Codes, die unterschiedlich robust waren. Organismen mit der höchsten Fehlertoleranz hatten bessere Chancen zu überleben und setzten sich durch. So siegte schließlich der jetzige Standardcode." (S.92)

Wenn man annimmt, dass der g.C. höchstselbst Gegenstand evolutionärer Prozesse ist, kann man natürlich *trotzdem* begründen, warum es heute nur einen einzigen (mit Ausnahmen...) gibt - wie es FREELAND & HURST ja in obigem Zitat tun. Problem: Man könnte damit auch ohne echte Schwierigkeiten für das Gegenteil argumentieren. Man könnte argumentieren, dass es Nischen für alternative Codes gibt. Man könnte zusätzlich grundsätzlich argumentieren, dass „Optimalität" relativ ist und Code 1, der unter den Bedingungen A sehr gut funktioniert unter Bedingungen B von Code 2 ausgestochen werden kann, somit also Berechtigungen für verschiedene Codes existieren. Solche Argumente bekämen allerdings erst Gewicht und würden auf einen hohen Level weiterentwickelt werden, wenn man tatsächlich verschiedene g. Codes entdecken würde. Damit sind wir an dem Punkt, wo RIDLEYs Argumentation (stellvertretend für viele andere, die ähnlich argumentieren) einen harten Schlag erhält:

RIDLEY hat implizit argumentiert, dass das Muster (universeller g.C.) auf den Verursacher (Schöpfer, mit separater Erschaffung der Arten als Modus der Schöpfung) bezogen unerwartet ist, dass es somit keinen Grund für dieses Muster gäbe.

Meine Gegenfrage ist, ob das Muster (universeller g.C.) zu RIDLEYs Verursacher (naturalistische Entstehung des Codes) passt. Die Antwort darauf lautet im Licht obiger Argumente: Man könnte genauso gut verschiedene genetische Codes erwarten. Oder anders gesagt: Die naturalistischen Prozesse, die mutmaßlich zur Entstehung des g.C. führten, harmonisieren nicht mit dem beobachteten

Muster der Universalität des g.C., in dem Sinne, als sich auch die gegenteilige Beobachtung durch sie plausibel machen lassen würde.[21]

Die Einheitlichkeit des genetischen Codes unterstützt *an sich* also kein evolutionäres Szenario – wäre diese nicht gegeben, würde man ganz einfach auf Szenarien zur mehrfachen Entstehung des Lebens auf der Erde zurückgreifen oder auf die heute angenommene Evolutionsfähigkeit des g.C. verweisen – der Code hätte sich eben sekundär verändert (wie man es in kleinem Maßstab ja bereits postulieren muss, siehe Außnahmen vom Standardcode). RIDLEY holt nur deswegen ein Argument *für* Evolution heraus, weil er einen Kontrast zu einer bestimmten Auffassung von Schöpfung herstellt. Und hier setzt der Kritikpunkt C) an.

C) RIDLEYs bestimmte Auffassung von Schöpfung sei hier noch einmal zitiert:

„*If all species had been created separately there is no reason why they should all have been created with the same genetic code.*" (S.832)

Das ist das wahre Herz seiner Argumentation. Und es ist einfach angreifbar: Einfach einen oder mehrere gute Gründe dafür finden, warum es nur einen genetischen Code gibt und er nicht für jeden der verschiedenen Organismenbaupläne neu entworfen wurde.

+ Ironischerweise sind es die Befunde, die Evolutionisten zu dem Schluss bewegen, dass der g.C. Resultat evolutionärer Optimierung sein muss, die auch vom Standpunkt einer separaten Schöpfung aus, einen Grund für einen einheitlichen Code liefern. Die Optimalität (im Sinne verschiedener Eigen-

21 Für Kritiker, die meinen, ich würde hier die Mechanismenfrage mit der Theorie der gemeinsamen Abstammung durcheinander bringen: Diese Trennung ist sinnvoll und wichtig, aber dass es trotzdem Wechselwirkungen zwischen beiden Kategorien gibt, zeigt das hier diskutierte Beispiel. RIDLEY schreibt „*The more likely explanation is that all organisms derive their code by descent with modification from a common ancestor.*" (S.832) Wenn aber das Wörtchen „modification" auch eine Veränderung des g.C. beinhaltet, geht daraus eben gerade *nicht* hervor, dass ein universeller g.C. zu erwarten wäre – gemeinsame Abstammung hin oder her.

schaften, die der interessierte Leser in den angebenen Fachartikeln nachlesen kann) des g.C. ist für Evolutionisten ein starkes Argument gegen einen „Schnellschuss" bei der Code-Entstehung und zugunsten dessen Evolutionsfähigkeit. FREELAND *et al.* (2000) gehen in einem Beitrag sogar soweit, den g.C. als möglicherweise beste Wahl unter unzähligen denkbaren Codeformen zu bezeichnen:

„*Interestingly, however, the incorporation of biosynthetic restrictions (reducing possible codes to some 270 million), coupled to a more accurate measure of amino acid similarity (the PAM 74–100 matrix), suggests that nature's choice might indeed be the best possible code.*" (S.45)

Unnötig zu sagen, dass damit auch für einen Schöpfer ein guter Grund vorläge, genau diesen Code universell einzusetzen. Gelegentlich wird zudem argumentiert, dass mit verschiedenen Codes die Möglichkeit „Horizontalen Gentransfers" verhindert würde. Dieser ist ein sehr wichtiger Faktor bei der Entstehung von Bakterienresistenzen. Ein babylonisches Sprachengewirr auf Ebene des g.C. würde der schnellen Adaption von Bakterien in Bezug auf Umweltstress (z.B. Antibiotika...) abträglich sein. Es wäre zudem sicher eine interessante Fragestellung, ob das „Netz des Lebens" nicht in irgendeiner Weise beeinträchtigt werden könnte, wenn verschiedene g. Codes verwendet werden würden. Insgesamt zeichnen sich also einige gute Gründe ab, warum es im Sinne rationalen Designs ratsam ist, den tatsächlich realisierten Code universell einzusetzen.

+ Vielleicht liegen hier noch andere Gründe vor, wir Menschen kennen ja auch mehr als nur die Kategorie „rationales Design". Niemand würde etwa behaupten, der Sportwagen in seiner Garage sei nach rein rationalen Gesichtspunkten designed. Ein Sportwagen spiegelt eine bestimmte Message wider, „erzählt" uns von einem Lebensgefühl und -stil. Und die Tatsache, dass bei Autos einer bestimmten Marke über Generationen hinweg ein gewisses Grundthema durchscheint, lässt sich auch nicht vom Standpunkt reiner Nützlichkeits- und

Optimalitätserwägungen erklären. Auch hier steckt im Design eine Botschaft (z.B.: „Ich bin ein *Audi*").

Analog dazu impliziert die Universalität des g.C. eine Botschaft: „Alle Organismen haben einen einzigen Ursprung". Niemand kann diese Message übersehen, Mark RIDLEY formuliert sie so:

„The example is important because it suggests that all life on Earth had a single origin."(S.832)

Ohne es zu merken, könnte RIDLEY hier sein eigenes Argument widerlegt haben – vielleicht ist genau das der Grund, weshalb alle Organismen auf Basis des gleichen Codes geschaffen worden sind! Die Erklärung der Universalität des g.C. als Botschaft, die uns zu dem Schluss auf einigen einzigen Ursprung bewegen soll, scheint auf den ersten Blick ziemlich gewagt. Sie ist aber – ausgehend davon, dass der Ursprung der Organismenwelt mit echter Planung und somit Intelligenz verbunden ist – nicht von der Hand zu weisen. Die Idee an sich stammt von Walter James REMINE (1993) und hat den Vorteil, testbar zu sein: Die Entdeckung eines weiteren (deutlich anders gestalteten) g.C. würde sie widerlegen.

Die Universalität des genetischen Codes – Schlüsse

Die Universalität des genetischen Codes kann im Sinne einer gemeinsamen Abstammung erklärt werden, muss aber nicht. Eine *nicht* vorhandene Universalität ließe sich evolutionstheoretisch ebenso gut erklären. Die Annahme einer umfassenden Evolution führt nicht zum zwingenden Schluss auf einen gemeinsamen Code, dank Ansätzen, wie sie von FREELAND und HURST kommen. Und falls man den Begriff „Evolution" auf die Abiogenese ausdehnt, galt das auch schon vor diesen Ansätzen in Bezug auf eine evolutionäre Optimierung des Codes – eine mögliche mehrfache Entstehung des Lebens impliziert die Möglichkeit verschiedener Codesysteme. Die Behauptung, dass es für einen Schöpfer keinen Grund gäbe, *einen* Code zu verwenden (jedenfalls im Szenario eine getrennten Erschaffung), ist falsch. Sie ist jedoch aus evolutionstheoretischer Sicht notwendig, um der Gemeinsamkeit des genetischen Codes als Argument *für* Evolution dadurch ausreichend Gewicht zu geben, indem man die Alternative als unglaubhaft hinstellt. Diese Argumentation wird von Evolutionstheoretikern benötigt, gerade eben, weil evolutionär das gegenteilige Szenario - deutlich verschiedene Codes - auch gut denkbar wäre.

Rausgezoomt...

Wie RIDLEY oben klar gemacht hat, ist die „Universalität des genetischen Codes" nur ein besonders bekanntes Fallbeispiel in einer ganzen Batterie ähnlicher Beispiele für gemeinsame Abstammung. Das grundlegende Muster dieser Argumente sei hier noch einmal herausgehoben:

„It is the kind of characters on which the biological taxonomy is based which implies that the hierarchy is the result of common ancestry rather than the clustering of independently created species. The taxonomic characters shared by species are not all shared because of common needs for survival." (S.832)

Die Problematik dieser Argumentationsweise soll mit der folgenden Fragen verdeutlicht werden: „Wie sehen *„independently created species"* aus? Folgefragen: Was dürfen diese in welcher Form gemeinsam haben, um noch als separat erschaffen zu gelten und nicht als Resultat gemeinsamer realgenetischer Abstammung? Dürfen sie z.B. alle *einen* genetischen Code besitzen?

RIDLEY gibt mit dem Satz

„The taxonomic characters shared by species are not all shared because of common needs for survival."

die Antwort auf diese Fragen. Das Fehlen einer auf funktionellen Aspekten basierenden Begründung sei die Besonderheit, die das Signal für „common descent" und gegen eine „separate Schöpfung" darstelle. Doch diese Antwort ist problematisch:

a) Womit wird im Einzelfall begründet, dass keine *„common needs for survival"* vorliegen, d.h. ein Design deshalb universell eingesetzt wird, weil es eine funktionell exzellente Lösung darstellt?

b) Womit wird begründet, dass *„common needs for survival"* der einzige Grund für Ähnlichkeiten unter Perspektive einer separaten Schöpfung sind?

Und zusätzlich kann man noch den Fragenkomplex behandeln, wie sich Ähnlichkeiten in ein evolutionäres Ursprungsszenario einordnen. Das führt weiter zu dem Punkt, an dem sich zeigt, dass so manches überzeugend wirkende evolutionstheoretische Argument nur im Kontrast zu sehr speziellen Auffassungen über Schöpfungen überzeugend wirkt, weil Ähnlichkeiten sich nicht immer harmonisch in evolutionäre Szenarien einordnen oder gar logisch zu erwarten wären (siehe JUNKER 2002 für einen Überblick).

Literatur

Alberts, Bruce 1998: *The Cell as a Collection of Protein Machines: Preparing the Next Generation of Molecular Biologists* Cell 92:291-294

Alexander, R. McNeill 2001: *Damper for bad vibrations* Nature 414:855-857

Audi, Robert 1999 (Hrsg.): *The Cambridge Dictionary of Philosophy* Cambridge University Press

Augros, Robert & Stanciu, George 1991: *Die Neue Biologie* Scherz-Verlag (Sonderausgabe)

Ayala, Francisco 2004: *Design without Designer. Darwin's Greatest Discovery* S.55-80 IN:

Dembski, William A. & Ruse, Michael (Hrsg.) 2004: *Debating Design. From Darwin to DNA* Cambridge University Press

Behe, Michael J. 1996: *Darwin's Black Box* Simon&Schuster, First Touchstone Edition 1998

Behe, M.J. 2004: *Irreducible Complexity. Obstacle to Darwinian Evolution* S.352-370 IN:

Dembski, William A. & Ruse, Michael (Hrsg.) 2004: *Debating Design. From Darwin to DNA* Cambridge University Press

Behe, Michael J. 2005: *Design for Living* The New York Times / 7.Februar URL.:http://www.nytimes.com/2005/02/07/opinion/07behe.html

Bowler, Peter J. 2003: *Evolution. The History of an Idea* University of California Press

Bowler, Peter J. 2004: *The Specter of Darwinism. The Popular Image of Darwinism in Early Twentieth-Century Britain* S.48-68 IN:

Lustig A., Richards R.J., Ruse M. 2004: *Darwinian Heresies* Cambridge University Press

Brumfiel, Geoff 2006: *Outrageous Fortune* Nature 439:10-12

Cain, A.J. 1989: *The perfection of animals* Biological Journal of the Linnean Society 36:3-29

Campbell, J.A. & Meyer, S.C. (Hrsg.) 2003: *Darwinism, Design, And Public Education* Michigan State University Press

Campbell, N.A. & Reece, J.B. 2003: *Biologie* Spektrum Akademischer Verlag

Carroll, Robert L. 2000: *Towards a new evolutionary synthesis* Trends Ecol. Evol. 15, 27-32

Charlesworth, Brian 2002: *Evolution by Design?* Nature 418: 129

Charlesworth, Brian 2005: *On the Origins of Novelty and Variation* Science 310: 1619-1620

Cirz, Ryan T. *et al.* 2005: *Inhibition of Mutation and Combating the Evolution of Antibiotic Resistance* PLoS Biol 3(6):e176 (vergl. auch die Kommentierung unter http://www.sciencedaily.com/releases/2005/05/050518175350.htm)

Conway Morris, S. 2000: *Evolution: Bringing Molecules into the Fold* Cell 100: 1-11

Crick, Francis 1988: *Lessons from Biology* Natural History 11/88 S.32-39

Darwin, C. 1872: *Die Entstehung der Arten durch natürliche Zuchtwahl* Nachdruck 2001, Übersetzt von C.W. Neumann, Reclam

Dawkins, Richard 1996: *The Blind Watchmaker. Why The Evidence Of Evolution Reveals A Universe Without Design* W.W. Norton & Company, Inc.

Dawkins, Richard 1996b: *Why don't animals have wheels?* The Sunday Times, 24 November 1996 URL.: http://www.simonyi.ox.ac.uk/dawkins/WorldOfDawkins-archive/Dawkins/Work/Articles/1996-11-24wheels.shtml

Dawkins, Richard 2001: *Gipfel des Unwahrscheinlichen. Wunder der Evolution* Rowohlt Taschenbuch Verlag (Übersetzung von Sebastian Vogel)

Dawkins, Richard 2005: *Evolution* (In der Serie *„The World's Biggest Ideas"*) NewScientist, 17 September S.33

Dembski, William A. & Ruse, Michael (Hrsg.) 2004: *Debating Design. From Darwin to DNA* Cambridge University Press

Dembski, W.A. 2004: *The Design Revolution. Answering the toughest questions about intelligent design* InterVarsity Press

Dembski, W.A. 2005: *In Defense of Intelligent Design* Erscheint im *Oxford Handbook of Religion and Science* (Hrsg.: Philip Clayton) URL.: http://www.designinference.com/documents/2005.06.Defense_of_ID.pdf

Denton, Michael 1996: *Evolution: A Theory in Crisis. New developments in science are challenging orthodox darwinism* Adler&Adler

Denton, Michael 1998: *Selected Excerpts: The Inverted Retina: Maladaptation or Pre-adaptation?* Origins & Design 19:2 Issue 37 URL.: http://www.arn.org/docs/odesign/od192/invertedretina192.htm

DeRosier, David J. 1998: *The Turn of The Screw: The Bacterial Flagellar Motor* Cell 93:17-20

Dudley, Robert 2002: *The Biomechanics of Insect Flight. Form, Function, Evolution* Princeton University Press

El-Samad, H. *et al.* 2005: *Surviving heat shock: Control strategies for robustness and performance* PNAS vol.102/no.8/2736-2741

Endo, H. *et al.* 1999: *Role of the giant panda's 'pseudo-thumb'* Nature 397:309-310

Erwin, Douglas H. 2000: *Macroevolution is more than repeated rounds of microevolution* Evolution & Development 2:2, 78-84

Erwin, Douglas H. 2005: *A Variable Look at Evolution* Cell 123(2):177-179

Faller, A.; Schünke, M.; Schünke G. 1999: *Der Körper des Menschen. Einführung in Bau und Funktion* Thieme

Ferguson, Kitty 2001: *Gott und die Gesetze des Universums* Econ Ullstein List-Verlag

Fink, Reinhard 2004: *Die Erfindung des Erfindens* S.13-17 IN:

Kreuzer, Franz (Hrsg.) 2004: *Nobelpreis für den Lieben Gott* Kremayr&Scheriau

Francis, J.W. 2001: *Peering into Darwin's Black Box: The cell divsion processes required for bacterial life* Origins & Design 20:1 Issue 38 URL.: http://www.arn.org/docs/odesign/od201/peeringdbb201.htm

Freeland, S.J.; Knight, R.D.; Landweber, L.F. 2000: *Measuring adaptation within the genetic code* Trends Biochem. Sci. 25: 44-45

Freeland, S.J. & Hurst, L. D. 2004: *Der raffinierte Code des Lebens* Spektrum der Wissenschaft, Juli 2004 S.86-93

Gilbert S.F., Opitz, J.M., Raff, R.A. 1996: *Resynthesizing Evolutionary and Developmental Biology* Developmental Biology 173:357-372

Goodwin, Brian 1997: *Der Leopard, der seine Flecken verliert. Evolution und Komplexität* Piper-Verlag Gmbh.

Gould, Stephen Jay 2002: *The structure of evolutionary theory* The Belknap Press Of Harvard University Press

Göldenboog, Christian 2003: *Das Loch im Walfisch. Die Philosophie der Biologie* Klett-Cotta

Hansen, Thomas F. 2003: *Is modularity necessary for evolvability? Remarks on the relationship between pleiotropy and evolvability* Biosystems 69: 83-94

Hartwig-Scherer, Sigrid 2005: *Die Zwergenmenschen - Genetische Isolation führt zur Bildung von „Hobbits" auf indonesischer Insel* Studium Integrale Journal 12. Jg., Heft 1/ S.3-10

Hendry, A.P. & Kinnison, M.T. 2001: *An introduction to microevolution: rate, pattern, process* Genetica 112-113:1-8, 2001

Hunter, Cornelius G. 2003: *Darwin's Proof. The Triumph of Religion over Science* BrazosPress

Hunter, Cornelius G. 2004: *Why Evolution Fails The Test of Science* S. 195-214 IN:

Dembski, William A. (Hrsg.) 2004: *Uncommon Dissent. Intellectuals Who Find Darwinism Unconvincing* Intercollegiate Studies Institute/ ISI Books

Huxley, Julian 1953: *Evolution in Action* Harper&Row (Zitat nach AUGROS&STANCIU 1991, S.254)

Jacob, F. 1977: *Evolution and Tinkering* Science 196:1161-1166

Junker, Reinhard & Scherer, Siegfried 2001: *Evolution. Ein kritisches Lehrbuch* Weyel Biologie

Junker, Reinhard 2002: *Ähnlichkeiten, Rudimente, Atavismen. Design-Fehler oder Design-Signale?* Hänssler

Junker, Reinhard 2005: *Irreduzible Komplexität* (genesisnet.info) URL.: http://www.genesisnet.info/pdfs/Irreduzible_Komplexitaet.pdf

Kahle, Henning 1999: *Evolution. Irrweg moderner Naturwissenschaft?* Mindt, Bielefeld

Kirschner, M.W. & Gerhart, J.C. 2005: *The Plausibility of Life. Resolving Darwin's Dilemma* Yale University Press

Klyce, Brig & Wickramasinghe, Chandra 2003: *Creationism versus Darwinism: A Third Alternative* S.543-548 IN:

Campbell, J.A. & Meyer, S.C. (Hrsg.) 2003: *Darwinism, Design, And Public Education* Michigan State University Press

Korthof, Gert 2004: *Common Descent. It's All or Nothing* S.32-47 IN:

Young, M. & Edis, T. (Hrsg.) 2004: *Why Intelligent Design Fails: A Scientific Critique of the New Creationism* Rutgers University Press

Kutschera, Ulrich 2001: *Evolutionsbiologie. Eine allgemeine Einführung* Parey Buchverlag Berlin

Kutschera, Ulrich 2004: *Streitpunkt Evolution. Darwinismus und Intelligentes Design* Naturwissenschaft und Glaube Bd.2 LIT-Verlag

Leigh, E.G. 1999: *The modern synthesis, Ronald Fisher and creationism* Trends Ecol. Evol. 14, 495-498

Lennox, John 2003: *Hat die Wissenschaft Gott begraben? Eine kritische Analyse moderner Denkvoraussetzungen* R.Brockhaus

Levy, Dawn 2005: *Stanford physicists and eye doctors to design a "Bionic Eye"* RxPG-News (Ophthalmology Channel) URL.: http://www.rxpgnews.com/research/ophthalmology/article_876.shtml

Lewin, Roger 1980: *Evolutionary Theory Under Fire* Science 210: 883-887

Lewontin, Richard C. 2005: *The Wars Over Evolution* The New York Review of Books, Volume 52 Number 16; October 20, 2005

Lippert, Herbert 2003: *Lehrbuch Anatomie* Urban&Fischer

Lober, Dagleif 1997: *Ansätze für eine allgemeine biologische Evolutionstheorie* (Herausgegeben von Helmi Lober), Tectum Verlag

Lönnig, Wolf-Ekkehard 1993: *Artbegriff, Evolution und Schöpfung. Dokumentation und Diskussion der verschiedenen Auffassungen* Naturwissenschaftlicher Verlag Köln URL.:http://www.weloennig.de/Artbegriff.html

Lönnig, Wolf-Ekkehard 2001: *Natural selection* Craighead/CORSINI ENCYCLOPEDIA OF PSYCHOLOGY & BEHAVIORAL SCIENCE, Vol. 3, 3rd Edition S.1008-1016, John Wiley & Sons

Lönnig, Wolf-Ekkehard 2002: *Coryanthes und Catasetum: Bietet die Synthetische Evolutionstheorie eine wissenschaftlich gesicherte Erklärung für den Ursprung der synorganisierten Strukturen dieser und anderer Orchideen?* Naturwissenschaftlicher Verlag Köln URL.: http://www.weloennig.de/CorCat.html

Lönnig, W.-E. 2004: *Dynamic genomes, morphological stasis, and the origin of irreducible complexity.* S.101-119 IN:

Parisi V., De Fonzo V., Aluffi-Pentini F. 2004: *Dynamical Genetics* Research Signpost 37/661(2)

Luria, Salvador E. 1974: *Leben, das unvollendete Experiment* Piper-Verlag (Zitat nach AUGROS & STANCIU 1991, S.254)

Lustig, Abigail 2004: *Natural Atheology* S.69-83 IN:

Lustig A., Richards R.J., Ruse M. 2004: *Darwinian Heresies* Cambridge University Press

Maddox, John 1989: *Down with the Big Bang* Nature 340: 425

Mahner, Martin 2003: *Hume, Paley und das Design-Argument.* Skeptiker 16 (4/03) S.131

Margulis, Lynn & Sagan, Dorion 2003: *Acquiring Genomes. A Theory of the Origins of Species* Basic Books

Mayr, Ernst 1982: Vorwort zu Ruse, M. 1982: *Darwinism Defended* Addison-Wesley (Zitat nach MEYER & KEAS 2003, S.141)

Mayr, Ernst 1991: *Eine Neue Philosophie Der Biologie* R.Piper GmbH&Co.KG, München

Mayr, Ernst 2003: *Das ist Evolution* C.Bertelsmann

Meyer, S.C.; Ross, M.; Nelson, P.; Chien, P. 2003: *The Cambrian Explosion: Biology's Big Bang* S.323-402 IN:

Campbell, J.A. & Meyer, S.C. 2003 (Hrsg.): *Darwinism, Design, and Public Education* Michigan State University Press

Meyer, S.C. 2002: *The Scientific Status of Intelligent Design: The Methodological Equivalence of Naturalistic and Non-Naturalistic Origins Theories* IN: *Science and Evidence for Design in the Universe* (Ignatius Press) URL: http://www.discovery.org/csc/

Meyer, S.C. & Keas, M.N. 2003: *The Meanings of Evolution* S.135-156 IN:

Campbell, J.A. & Meyer, S.C. 2003 (Hrsg.): *Darwinism, Design, and Public Education* Michigan State University Press

Meyer, S.C. 2004: *The origin of biological information and the higher taxonomic categories* Proceedings of the Biological Society of Washington 117(2):213-239

Müller, G.B. 2003: *Homology: The Evolution of Morphological Organization* S.51-69 IN:

Müller, G.B. & Newman, S.A. (Hrsg.) 2003: *Origination of Organismal Form. Beyond the Gene in Developmental and Evolutionary Biology* (Vienna Series in Theoretical Biology) MIT-Press

Müller, G.B. & Newman, S.A. (Hrsg.) 2003: *Origination of Organismal Form. Beyond the Gene in Developmental and Evolutionary Biology* (Vienna Series in Theoretical Biology) MIT-Press

Nachtigall, Werner & Blüchel, Kurt G. 2001: *Das große Buch der BIONIK. Neue Technologien nach dem Vorbild der Natur* DVA

Nachtigall, Werner 2002: *Bionik. Grundlagen und Beispiele für Ingenieure und Naturwissenschaftler* Springer-Verlag

Nachtigall, Werner 2003: *Insektenflug. Konstruktionsmorphologie, Biomechanik, Flugverhalten* Springer-Verlag

Nelson, P.A. 1996: *The Role of Theology in Current Evolutionary Reasoning* Biology & Philosophy 11:493-517

Neuhaus, K. & Ullrich, H. 2000: *Das Wirbeltierauge – Ein Konstruktionsfehler ohne funktionellen Sinn?* Studium Integrale Journal 7. Jahrgang / Heft 1 – April 2000 S. 3 – 11

Numbers, Ronald L. 2004: *Ironic Heresy: How Young-Earth Creationists Came to Embrace Rapid Microevolution by Means of Natural Selection* S.84-100 IN:

Lustig A., Richards R.J., Ruse M. 2004: *Darwinian Heresies* Cambridge University Press

O'Leary, Denyse 2004: *By Design or by Chance? The Growing Controversy on the Origins of Life in the Universe* Augsburg Books

Olshansky, S. Jay *et al.* 2001: *If humans were built to last* Scientific American March 2001, S.50-55

Pfaff, Cornelia 2002: *Die verblüffende Evolution der Augen* Bild der Wissenschaft 6/2002 S.34-38

Plüss, Mathias 2004: *„Ich weiss nie, ob ich deutsch rede"* Interview mit Ernst Mayr, Weltwoche 27/04 URL.: http://www.weltwoche.ch/artikel/?AssetID=8105&CategoryID=62

Rachmilevitch, S. *et al.* 2004: *Nitrate assimilation in plant shoots depends on photorespiration* PNAS vol.101/no.31/11506-11510

Raff, Rudolf A. 2001: *The creationist abuse of evo-devo* Evolution & Development 3:6, 373-374

Raff, Rudolf A. 2005: *Stand up for evolution* Evolution & Development 7:4, 273-275

Rammerstorfer, M. 2004: *„What Nature Doesn't" – zwei Perspektiven* (intelligentdesign.de.vu) URL.: http://members.aon.at/evolution/WNDODesign.pdf

Rammerstorfer, M. 2004b: *Nervus laryngeus recurrens – suboptimal?* (intelligentdesign.de.vu) URL.: http://members.aon.at/evolution/NLrecurrens.pdf

Ratzsch, D.L. 2001: *Nature, Design and Science. The Status of Design in Natural Science* State University of New York Press/SUNY series in Philosophy and Biology

Reichholf, Josef H. 1997: *Über den Ursprung des Neuen in der Evolution. Reicht die Darwinsche Selektionstheorie zur Erklärung des Evolutionsprozesses?* S.59-72 IN:

König, V. & Hohmann, H. 1997: *Bausteine der Evolution* Edition Archaea (Übersee-Museum)

Remine, W.J. 1993: *The Biotic Message. Evolution versus Message Theory* St. Paul Science; Saint Paul, Minnesota

Reznick, David N. *et al.* 2002: *Independent Origins and Rapid Evolution of the Placenta in the Fish Genus Poeciliopsis* Science 298: 1018-1020

Ridley, Mark 1981: *Who doubts evolution?* New Scientist 25. June 1981, S.830-832

Ridley, Mark 2004 (Hrsg.): *Evolution (Second Edition)* Oxford Readers, Oxford University Press

Ross, Marcus R. 2005: *Who Believes What? Clearing up Confusion over Intelligent Design and Young-Earth Creationism* Journal of Geoscience Education, v. 53, n. 3, May, 2005 / 319-323

Ruse, Michael 1998: *Darwinism and atheism: different sides of the same coin?* Endeavour Vol.22(1) 1998, 17-20

Ruse, Michael 2003: *Darwin an Design. Does Evolution have a purpose?* Harvard University Press

Ruse, Michael 2004: *The Argument from Design. A Brief History* S.13-31 IN:

Dembski, William A. & Ruse, Michael (Hrsg.) 2004: *Debating Design. From Darwin to DNA* Cambridge University Press

Scadding, S.R. 1981: *Do „vestigal organs" provide evidence for evolution?* Evolutionary Theory 5: 173-176

Scherer, Siegfried (Hrsg.) 1993: *Typen des Lebens* Studium Integrale, Pascal-Verlag Berlin

Schmidt, Ferdinand (Hrsg.) 1987: *Neodarwinistische Oder Kybernetische Evolution?* Universitätsdruckerei Heidelberg

Simons, A.M. 2002: *The continuity of microevolution and macroevolution* J.EVOL.BIOL. 15:688-701

Skell, Philip S. 2005: *Why do we invoke Darwin?* The Scientist Volume 19/Issue 16, 29 August, Page 10

Spaemann, R. & Löw, R. 1981: *Die Frage Wozu? Geschichte und Wiederentdeckung des teleologischen Denkens* Piper-Verlag

Stove, David C. 1995: *Darwinian Fairytales* Avebury Series in Philosophy

Swift, David W. 2002: *Evolution under the microscope* Leighton Academic Press

Toepfer, G. 2005: *Teleologie* S.36-52 IN:

Krohs, U. & Toepfer, G. (Hrsg.) 2005: *Philosophie der Biologie. Eine Einführung* Suhrkamp Taschenbuch Wissenschaft

Tomlin, C.J. & Axelrod, J.D. 2005: *Understanding biology by reverse engineering the control* PNAS vol.102/no.12/4219-4220

Tsiaras, Alexander 2004: *The architecture and design of man and woman* Doubleday

Uexküll, J.v. 1899: *Die Physiologie der Pedicellarien* Zeitschrift fuer Biologie 37:334-403

Vogel, Steven 2003: *Comparative Biomechanics. Life's Physical World* Princeton University Press

Vollmer, Gerhard 1994: *Teleologie-Teleonomie* Herder-Lexikon der Biologie

Waschke, Thomas 2000: *Bedeutungsumfang des Begriffs "Makroevolution"* URL.: http://www.waschke.de/twaschke/gedank/makroevolution.htm

Waschke, Thomas 2003: *Intelligent Design: Eine Alternative zur naturalistischen Wissenschaft?* Skeptiker 16 (4/03) S.128-136

Wegener, A.-L., Neubauer, G. 2006: *The closest look ever at the cell's machines* European Molecular Biology Laboratory (EMBL) Press Release, 22 Januar 2006 URL.: http://www.embl.org/aboutus/news/press/2006/press22jan06.html

West-Eberhard, Mary Jane 2003: *Developmental Plasticity and Evolution* Oxford University Press

Wilkins, Adam S. 2000: *Evolutionary processes: A special issue* BioEssays 22:1051-1052

Wilkins, Adam S. 2003: *A special issue on molecular machines* BioEssays 25:1145-1146

Wilson, Alan M. et al. 2001: *Horses damp the spring in their step* Nature 414: 895-899

Wright, B.E. 2000: *A Biochemical Mechanism for Nonrandom Mutations and Evolution* Journal of Bacteriology Vol.182, No.11 S.2993-3001

Wright, B.E. 2004: *Stress-directed adaptive mutations and evolution* Molecular Microbiology 52(3): 643-650

Zankl, Heinrich 2004: *Der große Irrtum. Wo die Wissenschaft sich täuschte* Wissenschaftliche Buchgesellschaft Darmstadt, Primus-Verlag

Bildquellennachweis

Coverbild:

Abdruck mit freundlicher Genehmigung von Jan Gropp (JenaFoto24.de).

Abbildung 1:

Entnommen aus Nachtigall, Werner & Blüchel, Kurt G. 2001: *Das große Buch der BIONIK. Neue Technologien nach dem Vorbild der Natur* DVA, S.220 Abdruck mit freundlicher Genehmigung von Dr. A. Wisser.

Abbildung 2:

Entnommen aus Nachtigall, Werner & Blüchel, Kurt G. 2001: *Das große Buch der BIONIK. Neue Technologien nach dem Vorbild der Natur* DVA, S.221 Abdruck mit freundlicher Genehmigung von Dr. A. Wisser.

Abbildung 3:

Entnommen aus Nachtigall, Werner 2003: *Insektenflug. Konstruktionsmorphologie, Biomechanik, Flugverhalten* Springer-Verlag, S.55 Abdruck mit freundlicher Genehmigung von Dr. A. Wisser.

Abbildung 4:

Entnommen aus CELL, Vol.93, DeRosier, David J. *„The Turn of The Screw: The Bacterial Flagellar Motor"*, Seiten 17-20, Copyright 1998, mit Erlaubnis von *Elsevier*.

Abbildung 4b:

Entnommen aus Nachtigall, Werner 2002: *Bionik. Grundlagen und Beispiele für Ingenieure und Naturwissenschaftler* Springer-Verlag, S.126 Abdruck mit freundlicher Genehmigung von Prof. em. Dr. W. Nachtigall.

Abbildung 5:

Entnommen aus Uexküll, J.v. 1899: *Die Physiologie der Pedicellarien* Zeitschrift fuer Biologie 37:334-403, S.366.

Abbildung 6:

Entnommen aus Olshansky, S. Jay *et al.* 2001: *If humans were built to last* Scientific American March 2001, Seiten 50-55, S.54 Abdruck mit freundlicher Genehmigung von Patricia J. Wynne.

Abbildung 7:

Abdruck mit freundlicher Genehmigung von Marc Schneidinger.

Abbildung 8:

Abbildung vom Autor.

FSC
www.fsc.org
MIX
Papier | Fördert gute Waldnutzung
FSC® C083411

Kolibri 360 GmbH
Ferdinand-Jühlke-Straße 7
99095 Erfurt, Deutschland
produktsicherheit@kolibri360.de